粒子波动论

（第二版）

蒋秀夫　著

陕　西　出　版　集　团
陕西科学技术出版社

图书在版编目(CIP)数据

粒子波动论/蒋秀夫著. —2版. —西安:陕西科学技术出版社,2010.8

ISBN 978-7-5369-4890-7

Ⅰ.①粒… Ⅱ.①蒋… Ⅲ.①粒子—波动力学 Ⅳ.①O572.2

中国版本图书馆CIP数据核字(2010)第148222号

出版者 陕西出版集团 陕西科学技术出版社
西安北大街131号 邮编710003
电话(029)87211894 传真(029)87218236
http://www.snstp.com

发行者 陕西出版集团 陕西科学技术出版社
电话(029)87212206 87260001

印　刷 西安理工大学印刷厂

规　格 880mm×1230mm 32开本

印　张 5.5

字　数 140千字

版　次 2010年8月第2版
2010年8月第2次印刷

定　价 15.00元

序

让我们共同作一次科学探险，这要求读者有足够的耐心和想象力。请注意，在本书封面上画的螺旋线，我们暂时还无法确定它的坐标，只知道在转折点自然数序数的分布，因此，不能用欧几里得几何学和牛顿的微积分学加以描述。也许这条螺旋线就是我们进出科学迷宫的唯一通道……事实上，这个“路标”是二氧化硅分子在二氧化硅单晶面上的一条结晶线中的自然序数分布图。在螺旋线六边形的顶角上，对应主数列自然序数分布规律是 $x = 9m^2$（$m = 1,2,3,4,5\cdots$）。如果这条结晶螺旋线是从普遍的物理学原理推演出来的，是真实的，而非虚构数字的巧合，那么，我们就有可能用它来研究量子力学中氢光谱的巴尔末公式。这是本书研究粒子波动现象基本理论的出发点。

本书纯属探索性的，它的主要论点经历了长达30多年的思考时间，这使我有机会学习和领会现代理论物理学的大部分科学成果。自从阿尔伯特·爱因斯坦（Albert Einstein）创立相对论和尼尔斯·玻尔（Niels Henrik David Bohr）建立量子力学以来，已经过去半个多世纪了。在这期间，爱因斯坦与玻尔关于“上帝怎么掷骰子”的著名论战就持续了长达40年之久。“上帝不掷骰子”，这是爱因斯坦的名言。1944年7月他给玻恩（Max Born）的一封信中写道：“在我们的科学期望中，我们已成为对立的两极。你相信掷骰子的上帝，我却信仰客观存在世界中的完备定律和秩序。”他们争论的一个中心论题就是：科学规律本质上应是因果性的还是概率性的？允不允许最终与因果性原理不相容的科学规律？爱因斯坦坚持的观点，使他在后半生创建统一场论过程中走了一条孤军奋战的失败道路。然而，这位伟大的先驱留下的不只是遗憾，他的思想和未竟事业发生了深远的历史影响。究竟在相对论与量子力学中是否存在着某种深刻的矛盾？两者是否还有共同的理论基础？这一直是理论物理学家和哲学家探讨的问题之一。

本书的目的不是陈述这些历史，而在于追求一种新的符合因果性原理的理论超越历史。因为，自从文明开始以来，人们从未满足于把事物看做是毫无联系和无法理解的，人们渴望对世界基本规律的理解，人类对知识的向往足以促使我们继续探索。

如何看待相对论和量子力学？怎样以人们能够理解的方式论证洛仑兹变换方程和薛定谔方程？本书提出反冲力作用原理对统一场论问题进行了描述，对粒子波动现象的研究结果，导致了一个全新的量子理论。新理论用分析力学的研究方法，研究与牛顿力学、相对论力学和量子力学相关的理论问题。特别是对光量子结构、精细结构常数计算、热力学温标分度、普朗克黑体辐射公式、“正电子”及基本粒子结构和弱相互作用宇称不守恒、水星在太阳引力场中进动等重要理论问题都作了深入的理论表述。这些新见解可以用定量的关系表示出来，也可以用被提出的新的试验方案加以检验。

任何一个新理论都是对以往理论的补充和延伸，由于人们思想的局限性，错误总是难免的。要想一举构造一个包罗万象、并吞八荒的统一场论宏大体系是不可能的。本书力图向这个目标接近，采用一个简单的观点，用人们习惯的思维方式讲清楚重要概念的确切含义和彼此的逻辑关联，同时尽量做到通俗。这一目的是否能达到，还有待读者的合作。因为科学事业是由作者和读者共同创造的。纠正错误、开拓思想是科学进步的准则，因此，诚恳地期望和欢迎读者批评。但愿在对自然的探索中，本书能给读者带来愉快的思考……

本书的初稿曾送香港大学冯载云教授审阅，作者在此仅表谢意。

蒋秀夫

1995 年 1 月 29 日于西安

再版前言

《粒子波动论》一书已经出版15年了，在这期间笔者又对书中提出的反冲力作用原理与狭义相对论的数学方法进行了深入研究。用经典多普勒效应公式导出了新的波动力学方程，该方程指出了爱因斯坦方程的错误和与质能方程的矛盾。并指出所谓“时钟变慢”和“时钟佯谬”的洛仑兹变换方程的本质只是微分尺度 $\mathrm{d}t_n$ 不同而已，与时间流逝快慢毫无关系，从而摆脱了洛仑兹变换在物理学近一个多世纪的纠缠。在《粒子波动论》一书第二版中说明了在热力学系统中，对电子的非线性加速过程，应采纳按比例计算的几何平均加速度来描述电子克服耗散力所做的功造成的质量亏损，即动能为 $\Delta E=\Delta mc^2$。只有当电子速度 $v\ll c$ 时，有算术平均值与几何平均值近似相等，才有电子的动能 $\Delta E\approx\dfrac{m_e v^2}{2}$。而爱因斯坦方程 $F_0=\dfrac{m_e}{\sqrt{1-(\frac{v}{c})^2}}\dfrac{\mathrm{d}v}{\mathrm{d}t_n}$ 却混淆了几何平均加速度和瞬时加速度的比例关系，直接给出了质能方程 $\Delta E=\dfrac{m_e c^2}{\sqrt{1-(\frac{v}{c})^2}}-m_e c^2=\Delta mc^2$。因此，在对狭义相对论洛仑兹变换的哲学诠释上，本书提出了完全不同的见解。

《粒子波动论》第二版除了修正一些错误之外，又增加了一些新的内容，对作用力、电荷的屏蔽与反屏蔽、质量、时间与空间、能量守恒定律的疑难，微观粒子群相互作用几率性与因果性的叠加等重要的理论问题，提出了全新的概念和思路。

《粒子波动论》的再版，使我感到幸运。因为，在有生之年能够有机会再次与读者进行学术交流，在心灵上使我感到莫大的欣慰……

作者

2010 年 5 月于西安

目　录

1　关于场源的研究

1.1　反冲力作用原理

尽管反冲作用是我们周围世界最常遇到的，但是，追究这种现象的根源，以及它与其他主要物理学原理之间的联系，要比一般简单的想象和论证复杂深刻得多。

所有的实验都表明，物质的超距、瞬时力作用是不存在的。因此，物体间相互作用力必定是由物质的某种运动形式传递的。为了说明物体受力起源于场的不对称性，以及外力只能通过内力（反冲力的不对称）发生作用，本书提出反冲力作用原理，从根本上重新说明现代物理学中的一些基本概念。

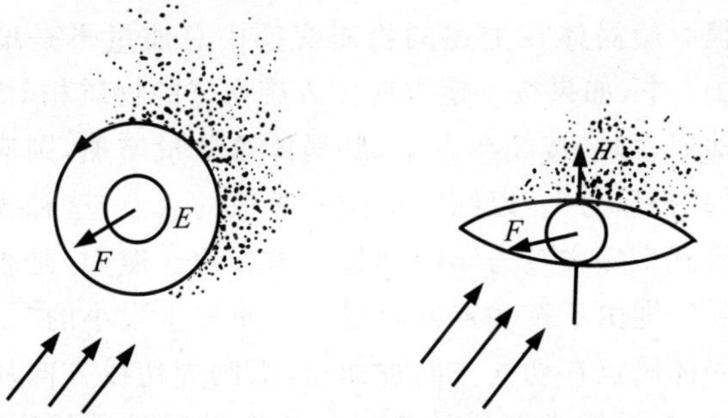

图 1-1　反冲力作用原理示意图

宇宙中在各个阶梯、各个层次上的不同规模的旋涡体，是组成粒子的基本形态。旋涡体是一个开放系统，也就是说，它是一个质量可变系统。我们把旋涡体想象成类似太阳系的扁平状天体，它在黄道面以及与黄道面垂直的方向上，与周围环境发生物质交换。把旋涡体的黄道面规定为它的电场矢量 $\boldsymbol{E}$ 所在平面，这是旋涡体与外界进行物质交换最活跃的平面。把旋涡体在黄道面上占主导控制地位的物质旋涡运动相对“左”或“右”的自旋，按右手螺旋规定是它磁场强度 $\boldsymbol{H}$ 矢量的方向。

图 1-1 中，旋涡体在 E 平面附近作旋涡运动的物质微粒，当它们的切线速度大于逃离轨道速度时即被抛出。显然，在这里旋涡体外抛的高速运动质点，是在粒子间的碰撞中，由旋涡体内物质内能释放条件下产生的，这其中包括化学反应和其他“核”反应等。在旋涡体非弹性碰撞中与环境进行物质交换的情形下，我们不但要研究侵入旋涡体物质的“排斥”运动，而且还必须考虑到旋涡体抛射物质的反冲“吸引”运动。这样就使得全部力学问题复杂化了。但是，在经典力学的范畴研究这种现象的能量守恒定律，不能用一般的力学术语来表示，而在电动力学中都要用本身的专门参量表示（温度、场强、电容等），因为，一般认为除了机械能外，还有其他形式的能量（电磁能、核能、内能等）。

事实上，从更普遍的观点来看，我们早应预料到旋涡体在非弹性碰撞的物质交换中，质量守恒并不存在。而对于整个系统却存在着能量守恒。旋涡体在上述的物质交换中总质量不是增加就是减少。在图 1-1 中，如果按一定方向侵入旋涡体的物质相对加强时，在不考虑其他因素时，按经典力学，旋涡体总质量增加，则应表现为受侵入物质的“排斥力”。以纯粹机械能守恒的观点，这种现象很容易被理解并得到牛顿质点力学的动量守恒方程。然而，是否存在着相反的情况呢？即由于按一定方向侵入物质发生很小的“横向”碰撞，就会使旋涡体质点在切线方向被加速，沿圆周切线方向从另一侧被抛出。那么，旋涡体内能释放沿场 ψ 方向抛射物质的质量亏损，则可能表现为旋涡体受反冲抛射物质的“反冲吸引力”。如果自然界存在着这种由“排斥”到“吸引”的转化关系，我们就能够将上述的初步分析表述成反冲力作用原理，并在本书以后的章节中，逐步根据已被发现的力学定律论证它是正确的。

将反冲力作用原理暂时作为力学的一个假定，可表述如下：旋涡体不断与周围环境发生物质交换，当沿某方向 ψ 侵入旋涡体物质相对加强时，由于旋涡体内能释放而沿场方向抛离物质的质量亏损造成的反冲，使旋涡体沿指向侵入物质相对加强的方向做偏斜运动(图 1-1)。

证明：

令，由多个按“左”和“右”自旋的旋涡体所组成的物体总质量为 m。物体的总自旋角动量为零。物体在外场作用下，以周期强弱的谐振方式向外抛射物质和吸收物质，其抛射物质和吸收物质的频率 ν_n 随外场主振频率 ν_0 的相对多普勒频移而变化。

如果物体在特定场强和主振频率 ν_0 不变的向量场中沿“左”“右”偏斜合成的直线运动，物体在 $\frac{1}{2}\Delta t_n$ 时间末向自己运动反方向多余抛射物质的质量亏损是 Δm，它外抛物质流相对物体的瞬时速度是 μ(统计平均值)，相对惯性系是 $v_1-\mu$。这时物体处于直线加速运动状态，它相对惯性系的瞬时速度由 v_1 增加到 v_2。根据动量守恒原理：

$$mv_1=(m-\Delta m)v_2+\Delta m(v_1-\mu) \tag{1-1}$$

$$\Delta v_1=v_2-v_1=\frac{\Delta m(\mu+v_2-v_1)}{m} \tag{1-2}$$

当 $\mu\gg v_2-v_1$ 时，上式中忽略 $\Delta m(v_2-v_1)$ 二阶小量，有

$$\Delta v_1=\frac{\mu\Delta m}{m} \tag{1-3}$$

式(1-3)是一般火箭推进的运动学公式。

在相邻时间间隔 $\frac{1}{2}\Delta t'_n\approx\frac{1}{2}\Delta t_n$，物体沿它的运动反方向抛射物质减弱，这时它吸收物质的质量大于外抛物质的质量，使沿各方向的侵入物质和外抛物质对物体作用的总动量之和等于零。这时物体在 $\frac{1}{2}\Delta t'_n$ 时间末相对于惯性系的瞬时速度由 v_2 减小至 v_3，有

$$(m-\Delta m)v_2=mv_3 \tag{1-4}$$

$$\Delta v_2=v_3-v_2=-\frac{v_2\Delta m}{m} \tag{1-5}$$

在这里，物体在运动过程中总质量既不是 m，也不是 $m-\Delta m$。自然界一切物体按周期运动的全过程，都为上述的质量亏损现象提供了直接证据。

因为，物体在反冲加速度运动中又包含着相对的减速运动，而无论是加速运动还是减速运动，又都不是均匀的，所以，必须以物体在 Δt_n 时间中的平均速度作为瞬时速度来描述物体的加速度。令物体在 Δt_n 与 Δt_{n+1} 时间间隔中相对惯性系的平均速度分别是 v_n 和 v_{n+1}，$\Delta v=v_{n+1}-v_n$。从公式(1-3)和公式(1-5)中可看到，物体从瞬时速度为 v_2 减小到 v_3 的过程，相对平均速度 v_n 仍然是加速运动。那么，如何描述上面的运动呢？我们写出下面的等式，即以 v 表示 v_n，有

$$\Delta v \approx \frac{\Delta m}{m}(\mu-v) \tag{1-6}$$

再将(1-6)式写成对物体加速度或负加速度的表达式：

$$\frac{\Delta v}{\Delta t_n}=\frac{\Delta m}{m\Delta t_n}[\pm(\mu\mp v)] \tag{1-7}$$

当 $v=v_0$，$v_0\ll\mu$ 时，有物体初始加速度的最大值：

$$\frac{\Delta v_0}{\Delta t_0}=\pm\frac{\mu\Delta m}{m\Delta t_0} \tag{1-8}$$

现在研究 $\Delta t_n=\dfrac{1}{\nu_n}$ 随物体运动速度怎样变化，因为只有知道了 Δt_n 才能给出描述物体加速度的定量结果。

在充满物质的空间环境中(包括真空中)，质量不等的物体具有大小不同的惯性，即物体的惯性与它们的质量成比例。由于物体外抛质点的质量十分微小，所以这些质点的惯性也很小。就是说，物体外抛物质流中单个质点运动的平均速度 $v\ll\mu$，它们所能走的路程是有限的。但是，这些质点互相碰撞或激发，向空间压强小的方向传递的群速近似等于 μ。

根据相对性原理，应将物体在主振频率为 ν_0 的向量场中发生相对运动的谐振多普勒频移公式，写成相对论的表达式：

$$\nu_n=\frac{\nu_0\sqrt{1-(\frac{v}{\mu})^2}}{1-\frac{v}{\mu}\cos\varphi} \tag{1-9}$$

上式中，φ 表示物体运动速度矢量 $\boldsymbol{v}$ 与向量场矢量 $\boldsymbol{\psi}$ 之夹角，ν_0 是指即便是在静电场中也存在的一种高频振动（$eU=h\nu_0$）。由于物体外抛质点的瞬时速度与物体运动速度以矢量相加，所以，在全空间范围，物体与场源之间发生物质交换的多普勒频移也具有相对叠加和互相感应的性质。

在公式(1-9)中，当 $\varphi=\frac{\pi}{2}$，$\varphi=\frac{3\pi}{2}$时，$\cos\varphi=0$，可将横向多普勒频移关系写成：

$$\nu_n=\nu_0\sqrt{1-(\frac{v}{\mu})^2} \tag{1-10}$$

当 $\varphi=0$，$\varphi=\pi$ 时，$\cos\varphi=\pm1$，可将公式(1-9)多普勒频移关系写成：

$$\nu_n=\frac{\nu_0\sqrt{1-(\frac{v}{\mu})^2}}{1\mp\frac{v}{\mu}} \tag{1-11}$$

例如，当带电粒子在对应不同场强和主振频率为 ν_n 的电场中做加速（或负加速）运动时，据上式应该有时间间隔：

$$\Delta t_n=\frac{1}{\nu_n}=\frac{\Delta t_0(1\mp\frac{v}{\mu})}{\sqrt{1-(\frac{v}{\mu})^2}} \tag{1-12}$$

将 Δt_n 代入式(1-7)中，有

$$\frac{\Delta v}{\Delta t_n}=\pm\frac{\Delta m}{m\Delta t_0}\sqrt{\mu^2-v^2} \tag{1-13}$$

用公式(1-13)计算物体的加速度结果是否正确，关键是要被我们提出的反冲力作用原理与狭义相对论的基本变换方程的相关性来证明。为了说明公式(1-13)在怎样的精度上符合反冲力作用原

理，我们令在公式(1-3)和公式(1-5)中

$$\mu=100\ \text{m/s}\qquad \frac{\Delta m}{m}=0.01$$

将物体在向量场中做反冲加速度运动，在时间中瞬时速度变化和它在 Δt_n 时间间隔平均速度的变化值写在下面的加速数列中。由于数列很长，下面将其摘成若干段写出。

(1.57)　　(2.58)

0.000→1.000→0.990→1.990→1.970→2.970→

(3.56)　　(4.53)

2.940→3.940→3.900→4.900→4.850→…→

(10.07)　　(10.97)　　(11.86)

9.450→10.45→10.35→11.35→11.24→12.24→

(12.74)　　(13.60)

12.12→13.12→12.99→13.99→13.85→…→

(20.22)　　(21.01)　　(21.80)

19.63→20.63→20.42→21.42→21.21→22.21→

(22.58)　　(23.34)

21.99→22.99→22.76→23.76→23.52→…→

(29.91)　　(30.61)　　(31.30)

29.35→30.35→30.05→31.05→30.74→31.74→

(31.98)　　(32.65)

31.42→32.42→32.10→33.10→32.77→…→

(39.64)　　(40.24)　　(40.83)

39.11→40.11→39.71→40.71→40.30→41.30→

(41.41)　　(41.99)

40.89→41.89→41.47→42.47→42.05→…→

(50.03)　　(50.52)　　(51.00)

49.53→50.53→50.02→51.02→50.51→51.51→

(51.48)　　(51.96)

50.99→51.99→51.47→52.47→51.95→…→

(60.20)　　　(60.59)　　(60.98)

59.74→60.74→60.13→61.13→60.52→61.52→

(61.36)　　　(61.74)

60.90→61.90→61.28→62.28→61.66→…→

(70.38)　　　(70.67)　　(70.96)

69.95→70.95→70.24→71.24→70.53→71.53→

(71.24)　　　(71.52)

70.81→71.81→71.09→72.09→71.37→…→

(80.34)　　　(80.53)　　(80.72)

79.94→80.94→80.13→81.13→80.32→81.32→

(80.90)　　　(81.08)

80.51→81.51→80.69→81.69→80.87→…→

(90.12)　　　(90.21)　　(90.30)

89.76→90.76→89.85→90.85→89.94→90.94→

(90.39)　　　(90.48)

90.03→91.03→90.12→91.12→90.21→…→

(94.18)　　　(94.23)　　(94.28)

93.83→94.83→93.88→94.88→93.93→94.93→

(94.33)　　　(94.38)

93.98→94.98→94.03→95.03→94.08→…→

(99.33)

99.00→100.00→99.00

上面的加速数列中，箭头所指的是公式(1-3)和公式(1-5)中物体的瞬时速度从 $v_1 \to v_2 \to v_3$ 的连续变化值。括号内是物体在一个"波动周期"中，在 Δt_n 时间内的几何平均速度：$v=\sqrt[3]{v_1 \cdot v_2 \cdot v_3}$。可以证明加速数列是收敛的，物体所能达到的最大速度是 $v_{max}=99.33$ m/s。

将数列中括号内求出的平均速度 v 值，按公式(1-12)所给出

的 Δt_n 值去计算物体的加速度 $\frac{\Delta v}{\Delta t_n}$，再将 v 值代入公式(1-7)或式(1-13)中，然后将两者进行比较。

例如，令式(1-12)中 $\Delta t_0=\frac{1}{\nu_0}=0.10$ s 时，在数列中有 $v=50.03$ m/s，则

$$\Delta t_n=\frac{0.1(1-0.50)}{\sqrt{1-(0.50)^2}}=0.058(\mathrm{s})$$

$$\frac{\Delta v}{\Delta t_n}=\frac{50.52-50.03}{0.058}=8.45(\mathrm{m/s^2})$$

在公式(1-13)等号右边，将 $\Delta t=\Delta t_0=0.10$ s，$\frac{\Delta m}{m}=0.01$，$v=50.03$ m/s 代入求出加速度，有

$$\frac{\Delta v}{\Delta t_0}=\frac{0.01\sqrt{(100)^2-(50.03)^2}}{0.1}=8.66(\mathrm{m/s^2})$$

$\frac{\Delta v}{\Delta t_n}$ 与 $\frac{\Delta v}{\Delta t_0}$ 两者相对误差是 2%。

再来研究物体在“反向”场中从瞬时速度为 $v_1=50.51$ m/s 开始做负加速度运动的情况。应该有负加速数列：

$$\begin{array}{l}\qquad\quad(49.67)\qquad\qquad(48.18)\\ 50.51\rightarrow 49.51\rightarrow 49.01\rightarrow 48.01\rightarrow 47.53\rightarrow\cdots\rightarrow\end{array}$$

据公式(1-12)，有

$$\Delta t_n=\frac{0.1(1+0.50)}{\sqrt{1-(0.50)^2}}=0.173(\mathrm{s})$$

$$\frac{\Delta v}{\Delta t_n}=\frac{48.18-49.67}{0.173}=-8.61(\mathrm{m/s^2})$$

在公式(1-13)等号右边，$\Delta t=\Delta t_0=0.10$ s，$\frac{\Delta m}{m}=0.01$，$v=49.67$ m/s。

$$\frac{\Delta v}{\Delta t_0}=-\frac{0.01\sqrt{(100)^2-(49.67)^2}}{0.1}=-8.68(\mathrm{m/s^2})$$

计算结果表明，反冲加速运动与反冲负加速运动基本上是对称的。

用上述计算方法算出数列中所有的$\frac{\Delta v}{\Delta t_n}$和$\frac{\Delta v}{\Delta t_0}$，在加速数列中$v<0.8\mu$范围内两者相对误差均小于5%。在$v>0.8\mu$以后误差慢慢增大，在$v=0.9\mu$时，相对误差达到10%左右。

可以证明，在加速数列中随着$\frac{\Delta m}{m}$值减小（与μ值无关），按上述计算方法算出两个加速度之间的相对误差随之变小，这时物体的极限速度愈趋近μ。

例如，当

$$\frac{\Delta m}{m}=0.0001 \qquad \mu=100\ \mathrm{m/s} \qquad \Delta t_0=0.1\ \mathrm{s}$$

加速数列的极限是：

$$99.99\rightarrow 100.00\rightarrow 99.99$$

$$v_{\max}=99.993\ \mathrm{m/s}$$

这时物体在$v_1=99.00$ m/s上的加速数列是

(99.003366)　　(99.003466)

99.00→99.01→99.0001→99.0101→99.0002→

据公式(1-12)，有

$$\Delta t_n=\frac{0.1\times 9.96\times 10^{-3}}{0.141}=7.068\times 10^{-3}(\mathrm{s})$$

$$\frac{\Delta v}{\Delta t_n}=\frac{99.003466-99.003366}{7.068\times 10^{-3}}=0.0141\ (\mathrm{m/s^2})$$

$$\frac{\Delta v}{\Delta t_0}=\frac{0.0001\times 14.08}{0.1}=0.0141(\mathrm{m/s^2})$$

当$v_1=30.00$ m/s时，加速数列是

(30.00566)　　(30.01267)

30.00→30.01→30.007→30.017→30.014→

$$\Delta t_n=\frac{0.10\times 0.70}{0.954}=0.073(\mathrm{s})$$

$$\frac{\Delta v}{\Delta t_n}=\frac{30.01267-30.00566}{0.073}=0.0960(\mathrm{m/s^2})$$

$$\frac{\Delta v}{\Delta t_0}=\frac{0.0001\times 95.392}{0.1}=0.0954(\mathrm{m/s^2})$$

当$\frac{\Delta m}{m}=00001$　　$\mu=100\ \mathrm{m/s}$，$\Delta t_0=0.1\ \mathrm{s}$时，加速数列的极限是

$$99.999\rightarrow 100.000\rightarrow 99.999$$

$$v_{\max}=99.9993\ \mathrm{m/s}$$

这时物体在$v_1=99.90\ \mathrm{m/s}$时的加速数列是

$$\begin{array}{c}(99.900333)\qquad\qquad(99.900334)\\ 99.90\rightarrow 99.901\rightarrow 99.900001\rightarrow 99.901001\rightarrow 99.900002\rightarrow\end{array}$$

$$\Delta t_n=\frac{0.1\times 9.9667\times 10^{-4}}{0.0446}=2.2347\times 10^{-3}(\mathrm{s})$$

$$\frac{\Delta v}{\Delta t_n}=\frac{99.900334-99.900333}{2.2347\times 10^{-3}}=4.475\times 10^{-4}(\mathrm{m/s^2})$$

$$\frac{\Delta v}{\Delta t_0}=\frac{0.00001\times 4.4635}{0.1}=4.464\times 10^{-4}(\mathrm{m/s^2})$$

物体在$v_1=99.90\ \mathrm{m/s}$时，在反向场做负加速运动的负加速数列是

$$\begin{array}{c}(99.899)\qquad\qquad(99.897)\\ 99.90\rightarrow 99.899\rightarrow 99.898\rightarrow 99.897\rightarrow 99.896\rightarrow\end{array}$$

$$\Delta t_n=\frac{0.1(1+0.99899)}{0.0449}=4.452(\mathrm{s})$$

$$\frac{\Delta v}{\Delta t_n}=\frac{99.897-99.899}{4.452}=-4.492\times 10^{-4}(\mathrm{m/s^2})$$

$$\frac{\Delta v}{\Delta t_0}=-\frac{0.00001\times 4.493}{0.1}=-4.493\times 10^{-4}(\mathrm{m/s^2})$$

当$v_1=20.00\ \mathrm{m/s}$时，加速数列是

$$\begin{array}{c}(20.0006)\qquad\qquad(20.0014)\\ 20.00\rightarrow 20.001\rightarrow 20.0008\rightarrow 20.0018\rightarrow 20.0016\rightarrow\end{array}$$

$$\Delta t_n=\frac{0.1\times 0.80}{0.9798}=0.0816(\mathrm{s})$$

$$\frac{\Delta v}{\Delta t_n}=\frac{20.0014-20.0006}{0.0816}=0.009803(\mathrm{m/s^2})$$

$$\frac{\Delta v}{\Delta t_0}=\frac{0.00001\times 97.979}{0.1}=0.009798(\mathrm{m/s^2})$$

物体从 $v_1=20.00$ m/s，在反向场中做负加速运动时，有负加速数列：

$$\begin{array}{l} \qquad\quad (19.999267) \qquad\qquad (19.998067) \\ 20.00\rightarrow 19.999\rightarrow 19.9988\rightarrow 19.9978\rightarrow 19.9976\rightarrow \end{array}$$

$$\Delta t_n=\frac{0.1(1+0.19999)}{0.9798}=0.12247(\text{s})$$

$$\frac{\Delta v}{\Delta t_n}=\frac{19.998067-19.999267}{0.12247}=-0.009798(\text{m/s}^2)$$

$$\frac{\Delta v}{\Delta t_0}=\frac{0.00001\times 97.98}{0.1}=-0.009798(\text{m/s}^2)$$

以上的计算结果和电算结果（参阅附录 1）都表明，数列中$\frac{\Delta m}{m}$的值愈小，公式(1-13)在精度上愈符合反冲力作用原理。现在令物体外抛质点相对物体的瞬时速度 $\mu=c$（c 是光速），于是，当$\frac{\Delta m}{m}\ll\frac{1}{c}$（$c$ 不带量纲），将式(1-13)和式(1-8)中的 μ 写成 $\mu=c$ 时，加速运动的表示式为：

$$\frac{\Delta v}{\Delta t_n}=\frac{\Delta m}{m\Delta t_0}\sqrt{c^2-v^2} \tag{1-14}$$

$$\frac{\Delta v_0}{\Delta t_0}=\frac{c\Delta m}{m\Delta t_0} \tag{1-15}$$

将公式(1-12)写成对 $\varphi=0$ 或 $\varphi=\pi$ 时，在主振频率为 ν_0 的向量场中物体受反冲力周期的表达式为：

$$\Delta t_n=\frac{\Delta t_0\left(1-\frac{v}{c}\right)}{\sqrt{1-\left(\frac{v}{c}\right)^2}} \tag{1-16}$$

$$\Delta t_n=\frac{\Delta t_0\left(1+\frac{v}{c}\right)}{\sqrt{1-\left(\frac{v}{c}\right)^2}} \tag{1-17}$$

普遍式为：

$$\Delta t_n = \frac{\Delta t_0\left(1 - \dfrac{v}{c}\cos\varphi\right)}{\sqrt{1-\left(\dfrac{v}{c}\right)^2}} \tag{1-18}$$

显然，在上面公式中的 Δt_n 与 Δt_0 的关系一般并不直接参与运算，它们只是表明了与物体运动的“波动周期”相关的 Δt_n 随意趋于零的微分尺度并不存在。我们在第 2 章中将说明这个微分尺度是以怎样的形式表现在波动方程中的。我们只研究物体的加速运动，将式(1-15)直接代入式(1-14)中，有

$$\frac{\Delta v}{\Delta t_n} = \frac{\Delta v_0}{\Delta t_0}\sqrt{1-\left(\frac{v}{c}\right)^2} \tag{1-19}$$

若把上式写成对物体受合力 $F_n = \dfrac{\Delta p}{\Delta t_n}$，与当 $v \ll c$ 时受初始合力最大值 $F_0 = \dfrac{\Delta p_0}{\Delta t_0}$ 的关系就有

$$F_n = F_0\sqrt{1-\left(\frac{v}{c}\right)^2} \tag{1-20}$$

或者将式(1-19)与式(1-20)写成物体受合力发生加速运动的微分表达式：

$$F_0\sqrt{1-\left(\frac{v}{c}\right)^2} = m\,\frac{\mathrm{d}v_0}{\mathrm{d}t_0}\sqrt{1-\left(\frac{v}{c}\right)^2} \tag{1-21}$$

在式(1-21)中的等号两边都表示的是互为因果关系的独立变量，所以不能约掉根号项，而只能写成：

$$F_0\sqrt{1-\left(\frac{v}{c}\right)^2} = m\,\frac{\mathrm{d}v}{\mathrm{d}t_n} \tag{1-22}$$

$$F_0 = \frac{m}{\sqrt{1-\left(\dfrac{v}{c}\right)^2}} \cdot \frac{\mathrm{d}v}{\mathrm{d}t_n} \tag{1-23}$$

$$\frac{\mathrm{d}v}{\mathrm{d}t_n} = \frac{\mathrm{d}v_0}{\mathrm{d}t_0}\sqrt{1-\left(\frac{v}{c}\right)^2} \tag{1-24}$$

和时间微分尺度的相对关系：

$$\frac{\mathrm{d}t_n}{\mathrm{d}t_0}=\frac{1-\dfrac{v}{c}\cos\varphi}{\sqrt{1-(\dfrac{v}{c})^2}} \tag{1-25}$$

上面给出的 4 个方程组是波动力学的全部方程组。其中式(1-22)是牛顿方程,式(1-23)是爱因斯坦方程。

事实上,如果在公式(1-17)中我们简单地令 $\Delta t_n=t,\Delta t_0=t'$,再将式(1-17)等号两边同时乘以 c,就有 $x=ct,x'=ct'$,就可以写成物体沿 x 或 x',在局部时间中路程的表达式:

$$x=\frac{x'+vt'}{\sqrt{1-(\dfrac{v}{c})^2}} \tag{1-26}$$

在式(1-16)中,令 $\Delta t_n=t',\Delta t_0=t$,将等号两边同时乘以 c,有

$$x'=\frac{x-vt}{\sqrt{1-(\dfrac{v}{c})^2}} \tag{1-27}$$

同样的,式(1-17)和式(1-16)也可以写成:

$$t=\frac{t'+\dfrac{v}{c^2}x'}{\sqrt{1-(\dfrac{v}{c})^2}} \tag{1-28}$$

$$t'=\frac{t-\dfrac{v}{c^2}x}{\sqrt{1-(\dfrac{v}{c})^2}} \tag{1-29}$$

我们看到,计算时间的微分尺度参加运算所导出的洛仑兹变换方程的逻辑并不令人满意,因为 $\Delta t_n=t$,而 Δt_n 又等于 t',这必然造成"时钟佯谬"问题。而且,在狭义相对论中又把 Δt_n 与 Δt_0 的关系解释成在不同参考系中时间流逝快慢不同,这确实让人难于琢磨并带有一种勉强的神秘化色彩。对这些问题我们还要在后面继续讨论。

下面我们用经典多普勒效应公式对反冲力数学表达式进行推

导。当光源相对惯性系静止，观察者相对光源以速度 v 运动时，有经典多普勒公式：

$$\nu_n=\nu_0(1+\frac{v}{c}\cos\varphi) \tag{1-30}$$

式中，φ 角是观察者与光源连线之夹角，当 $\varphi=0$，$\varphi=\pi$ 时，$\cos\varphi=\pm 1$，有时间间隔：

$$\Delta t_n=\frac{1}{\nu_n}=\frac{t_0}{1\pm\frac{v}{c}} \tag{1-31}$$

将公式(1-7)和公式(1-8)中 $c=\mu$ 时写成

$$\frac{\Delta v}{\Delta t_n}=\frac{\Delta m}{m\Delta t_n}[\pm(c\mp v)] \tag{1-32}$$

$$\frac{\Delta v_0}{\Delta t_0}=\pm\frac{c\Delta m}{m\Delta t_0} \tag{1-33}$$

将式(1-31)中 Δt_n 值和式(1-33)一并代入式(1-32)中，得到

$$\frac{\Delta v}{\Delta t_n}=\pm\frac{\Delta v_0}{\Delta t_0}(1-\frac{v^2}{c^2}) \tag{1-34}$$

和公式(1-19)对比，应该有

$$F_n=F_0(1-\frac{v^2}{c^2}) \tag{1-35}$$

将波动方程写成

$$F_0(1-\frac{v^2}{c^2})=m\frac{\mathrm{d}v}{\mathrm{d}t_n} \tag{1-36}$$

$$F_0=\frac{m}{1-(\frac{v}{c})^2}\frac{\mathrm{d}v}{\mathrm{d}t_n} \tag{1-37}$$

$$\frac{\mathrm{d}v}{\mathrm{d}t_n}=\frac{\mathrm{d}v_0}{\mathrm{d}t_0}(1-\frac{v^2}{c^2}) \tag{1-38}$$

$$\frac{\mathrm{d}t_n}{\mathrm{d}t_0}=\frac{1}{1\pm\frac{v}{c}} \tag{1-39}$$

我们看到，波动方程(1-36)和方程(1-37)与公式(1-22)和公式(1-23)两者只差一个根号项。

可以证明，如果将式(1-34)仍写成

$$\frac{\Delta v}{\Delta t_n}=\pm\frac{\Delta v_0}{\Delta t_0}(1-\frac{v^2}{\mu^2}) \tag{1-40}$$

以物体在 $v_1=99.00$ m/s 上的加速数列为例计算，据式(1-31)，当 $c=\mu$ 时，有

$$\Delta t_n=\frac{0.1}{1+0.990034}=0.05025(\mathrm{s})$$

在加速数列中

$$\frac{\Delta v}{\Delta t_n}=\frac{99.003466-99.003366}{0.05025}=1.99\times10^{-3}(\mathrm{m/s^2})$$

按公式(1-40)计算，有

$$\frac{\Delta v}{\Delta t_n}=0.1(1-0.99^2)=1.99\times10^{-3}(\mathrm{m/s^2})$$

例如，$\mu=100$ m/s，$\frac{\Delta m}{m}=0.01$，$\Delta t_0=0.1$ s 初始加速度 $\frac{\mathrm{d}v_0}{\mathrm{d}t_0}=\frac{\mu\Delta m}{mt_0}=10$ m/s^2。在加速数列中有 $v=50.03$ m/s，按式(1-31)便有

$$\Delta t_n=\frac{0.1}{1+0.503}=0.0665(\mathrm{s})$$

$$\frac{\Delta v}{\Delta t_n}=\frac{50.52-50.03}{0.0665}=7.368(\mathrm{m/s^2})$$

按式(1-40)计算，有

$$\frac{\Delta v}{\Delta t_n}=10(1-0.503^2)=7.47(\mathrm{m/s^2})$$

计算结果表明，波动方程(1-22)和方程(1-23)与方程(1-36)和方程(1-37)都符合前面的反冲加速数列(参看附录1和附录2)。而在两组波动方程中 $\mathrm{d}t_n$ 和 $\mathrm{d}t'_n$ 的比值是

$$\frac{\mathrm{d}t'_n}{\mathrm{d}t_n}=\frac{t_0}{1\pm\frac{v}{c}}\div\frac{t_0(1\mp\frac{v}{c})}{\sqrt{1-(\frac{v}{c})^2}}=\frac{\sqrt{1-(\frac{v}{c})^2}}{1-(\frac{v}{c})^2}=\frac{1}{\sqrt{1-(\frac{v}{c})^2}} \tag{1-41}$$

式(1-41)正是狭义相对论根据洛仑兹变换方程导出的时间流逝减慢

因子。

同样的，狭义相对论所推导出的多普勒公式(1-9)，也比经典多普勒公式(1-30)($\varphi=0$ 和 $\varphi=\pi$ 时)增大了 $\frac{1}{\sqrt{1-(\frac{v}{c})^2}}$ 倍，方程(1-19)比方程(1-34)所算出的加速度值也增大了 $\frac{1}{\sqrt{1-(\frac{v}{c})^2}}$ 倍。因此，我们有理由怀疑相对论的多普勒公式(1-11)的正确性，所以，必须对两组波动方程(1-22)和方程(1-23)与方程(1-36)和方程(1-37)作出取舍。如若摆脱洛仑兹变换的纠缠，笔者认为以经典多普勒效应公式导出的波动方程(1-36)和方程(1-37)是正确的，而传统的爱因斯坦方程公程式(1-23)则值得商榷。我们将在 2.5 节(质量与能量)中继续讨论这个问题。

反冲力作用原理是把物体看做是一个具有生命活力，能够进行新陈代谢的存在物，它初步揭示了时间和空间与运动物体场源发生相互作用，由排斥运动转化为吸引运动的真实性质。自然界一切运动形式都为质量亏损的反冲力作用原理提供了证据。

引力和惯性的实质问题是旋涡体通过与周围环境发生物质代谢，将物体质点间的排斥运动转化为旋涡体内能释放质量亏损的吸引的偏斜运动，这是任何物体在场源中受力并发生运动的基本运动形态。

至于所谓电子的质量随其速度增加而增大的观点，历史上也曾有人做过多次实验。例如，1901 年实验物理学家考夫曼首次用 β 射线高速电子流在磁场中做偏转实验，证实了电子质量确实随速度增大而“增加”。

但事实上，如果洛仑兹力或电场垂直电子运动方向的力随电子运动速度增加而减小的话，也会得到相同的实验结果。这些问题我们放在以后讨论。

大家知道，任何物理量的测量都是相对的，这些量相对性的意义在于，时间和空间的性质与运动物体发生波动的、物质交换的密切联系，并为运动物体所制约。在一个参照系中，时间相对性的含意在于，作用在物体上的加速力与阻力在先后次序上的差异和对立，产生和制约着发生运动的因果关系，使物体在不同的波动周期中做绝对不均匀的运动。因此，物体的相对静止只是相对振动（特别是微观粒子），相对均匀直线运动也只是物体沿其运动方向向左或向右偏斜的加速与减速的周期波动，在物体的加速运动中必然包含着相对减速过程。物理学应排斥一切僵化不变的概念。对于绝对不均匀的运动，平均值的最小微分尺度只能在波动方程中被导出。

在牛顿力学和狭义相对论力学中，作用力经常被看做是无限连续的。可是在真实世界中，不论是宏观物体还是微观粒子，作用力总是按一定频率一份一份作用的，区别仅在于作用频率不同而已，有的频率之高让我们很难测量。不论是蒸汽机、内燃机、电动机，它们都是间接地把反冲力的质量亏损变成机械能一份一份地作用在物体上的。直接作用在宏观的物体上的反冲力（比如火箭、喷气式飞机）和微观粒子，所受反冲力并无本质差别，除了涡轮机的高频波动外，喷气式飞机也总是在加油、耗油、起飞、降落的周期波动过程中运动。

统一的时间与空间计量标准是历史的，是以人类在地球上的社会实践活动被共同约定的。因此我们认为，离开了主要参考系（地球）上社会实践的观点去谈时间的相对性是没有意义的。在这里，时间计量标准的共同约定是绝对的。

空间的相对性表明了互相碰撞粒子间可透入性与不可透入性的界限。绝对可透入的空间是不存在的，绝对不可透入的刚体也是没有的。在宇宙中，不同规模、不同层次的物质颗粒之间的可透入性，是物质生存并进行物质代谢的必要条件。因此，绝对均匀、没有物质、没有阻力、各向同性的虚空是不存在的。我们研究的仅仅是物质的“节点”或空间的“节点”这类完全相似的属性。

1.2 电场作用原理

物体相对环境带正电荷或带负电荷是相对的概念,所有旋涡体都在不断地与外界空间发生物质交换,旋涡体不断地向空间抛射以惯性的方式运动的质点,对空间施有压强 $\boldsymbol{p}$(沿电力线的切线方向,与电场强度 $\boldsymbol{E}$ 的指向相同)。

不同质量旋涡体散失质量的速率不同,对空间产生的压强也不同。

在现实势能场中,电子也是一个小旋涡体,它是能被人类用仪器观察到运动痕迹的最小粒子。电子在势能场中散失质量的速率最小,所以,电子带相对的负电荷。而其他各类原子相对空间环境都显正电性。

图 1-2 表明,在静电场的物质交换中,带正电的球体以本振频率 ν 向外抛射的惯性质点瞬时速度等于光速 c,外抛物质流互相碰撞激发,质点速度迅速减小,使质点的平均运动速度 $v \ll c$ 沿电子线向空间压强小的方向传递,其群速度近似等于 c。

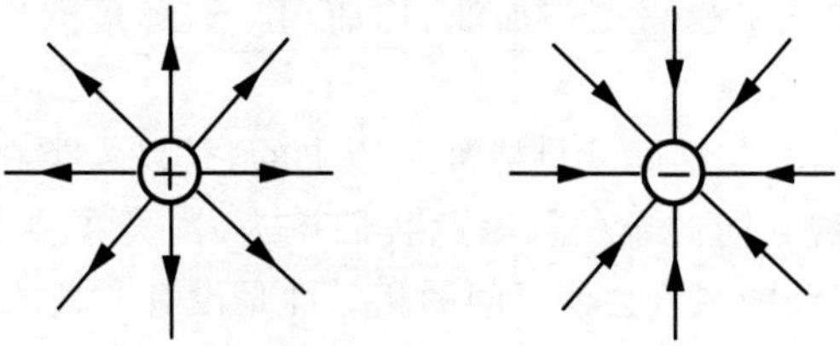

(a)

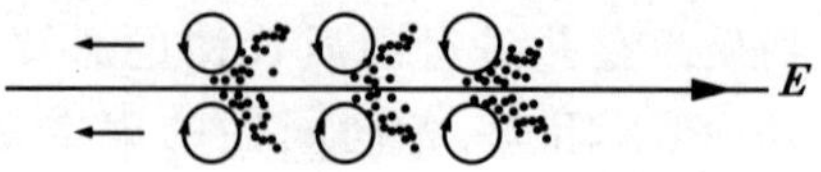

(b)

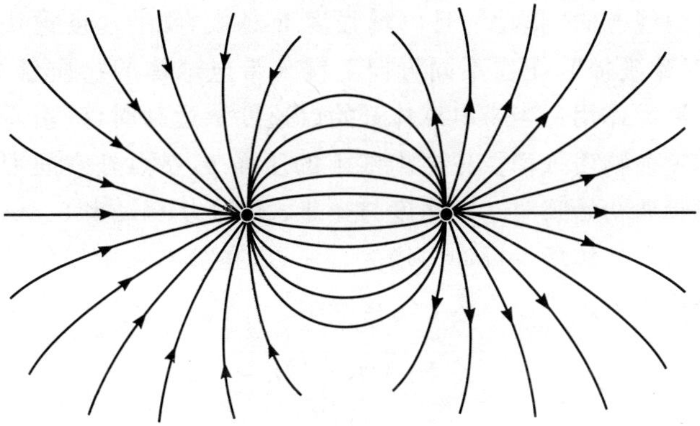

(c)一对等量异号电荷的电力线

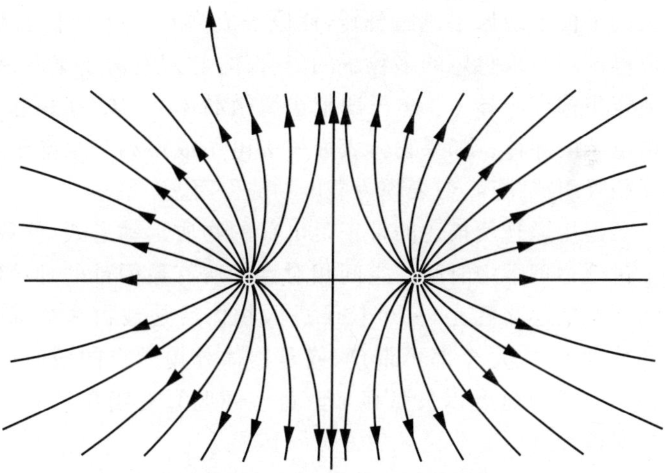

(d)一对等量同号正电荷的电力线

图 1-2

图 1-2(c)中,带异号电荷的球体在点外空间施压强 $\boldsymbol{p}$ 大小不等(质点受阻力平均速度 v 不同)。愈靠近带负电荷球体,其压强 $\boldsymbol{p}$ 愈大,电力线走的路愈短。在点外空间电力线所走的路程愈长,对空间施压愈小。图 1-2(b)表明,空间中小的旋涡体在反冲力作用下总

是逆电力线方向“爬动”，且电场强度 $\boldsymbol{E}$ 越大，爬动速度愈快。由于场的“对称破损”，使在不同方向上侵入带电球体的物质量不同，而形成反冲力作用。当带电球体开始以速度 v 运动时(吸引)，带负电荷球体喷射物质抵消了正电力线上的压强 $\boldsymbol{p}$，在点外空间带电荷球体抛射物质初始瞬时运动速度与光速 c 叠加为 $c+v$ 和 $c-v$，使互相靠近的带电球体所受反冲力增大。所以，在静电场中以反冲力为主导的合作用力大小应由库仑定律表示。

$$\boldsymbol{F}_{iK}=K\frac{q_iq_K}{r_{iK}^3}\boldsymbol{r}_{iK}$$

式中，K 是待定常数。

因此，各类原子都在自己的小黄道外围吸引一个或多个电子。这些电子的自旋方向与原子的自旋方向相反，在与原子小黄道面交角不大的平面上绕原子逆向公转，使原子成为不带电的中性体。电子又以电子团组成稳定的多粒子的集合体，它们充满于某些晶体的空穴通道中构成半导体。电子团把金属微晶体“粘接”在一起，构成了自由电子的导体。如果物体表面失去电子或得到多余电子，使带电体互相吸引或排斥，便表现为静电场的作用。

电场作用原理所描述的带正负电荷的物质运动形式，使我们又回到了讨论物理学中时间与空间相对性的所有最困难的理论问题。这些问题概括起来还是，一个粒子进入物体后是被物体全部带走，还是部分带走，或是全部不带走，或是物体外抛质点的瞬时速度是否与物体的运动速度以矢量相加。这些问题只有当我们对电动力学的主要理论进行充分论证后方可回答。

1.3 磁场作用原理

所有的旋涡体都是一个“磁偶极子”。旋涡体在垂直于小黄道面方向上与环境发生物质交换，使在这个方向上沿磁力线或逆磁力线方向运动的物质微粒，不但有自旋角动量“左”或“右”的自旋取向，而且还沿磁力线方向或反方向做惯性运动。我们称这些物质微粒是“磁微子”，它们的特点是其动量矩 $\boldsymbol{L}$ 与磁力线方向指向相同。铁磁类原子有最强的“磁微子”辐射，顺磁类原子次之，逆磁类原子最差。

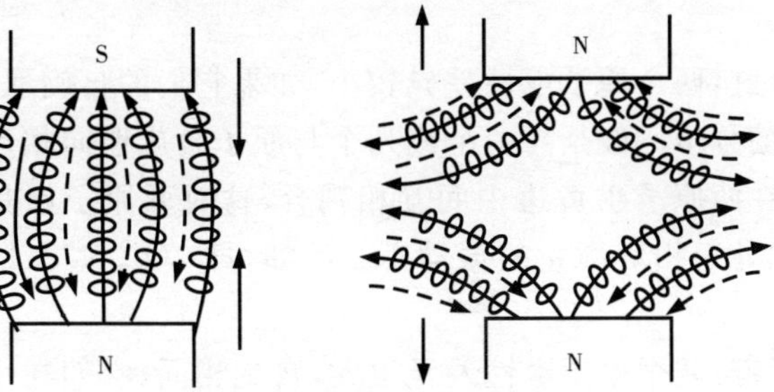

图 1-3 磁场作用原理图

图 1-3 中，在异名磁极间，按同向自旋（左或右），沿磁力线和逆磁力线向反方向运动的自旋“磁微子”之间由于弱侧向排斥而容易通过，造成磁阻减小。而在同名磁极间，沿磁力线和逆磁力线向相反方向运动的“磁微子”有相反的自旋，它们之间因弱侧向吸引而互相“粘连”造成磁阻增大。因此，按反冲力作用原理，磁极间的相互吸引或排斥现象仍然是表现为受反冲力不对称的结果。

1.4 电磁互补原理

研究原子间结合的化学键中反冲力作用的结果表明，任何原子之间的结合都必须满足相对电性的差异，或“左”和“右”自旋磁性选择的互补原理。

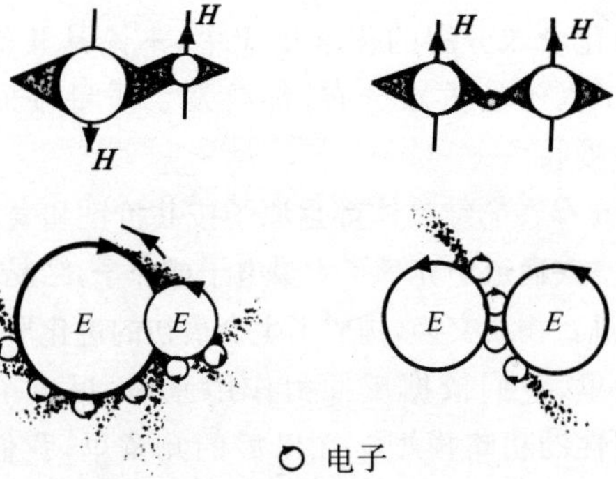

图 1-4 共价键、离子键示意图

图 1-4 表明，原子间结合大致可归纳为下面几种化学键的普遍形式。

共价键：两个原子电性差异较小，如果它们的自旋取向相同，这时，共价键分子一般是靠一个或几个与原子自旋取向相反的核最外层电子，在两原子小黄道中间互相耦合，这时两原子和其他核最外层电子均处于相对静止的振动态。比如，H_2、O_2、N_2、Cl_2 等共价键分子。

离子键：两个原子电性差异很大，自旋相同，它们在小黄道面上靠近，使一个或几个与原子自旋取向相反的核最外层电子被卡在中间。由于耦合电子被非金属元素原子吸引过来，而形成正、负离子对的离子键分子。比如，金属氧化物分子和 NaCl 分子等。

当两个原子半径不同，它们取反向自旋在小黄道边缘上下叠合时，两原于将绕共同重心互相绕转，共用电子将分布在键后呈振动态，形成极化分子。因此，不论是共价键还是离子键，在高温、高压、高速条件下，即便是带同号电荷的原子，它们也能在热运动中克服电斥力，在 E 平面上取反向自旋叠合在一起。这时，两原子小黄道交叠带的物质“流向”相同，并同时受两个原子中心核的吸引，引力作用方向相反，向心力互相抵消，使物质沿键的切线方向被抛出，表现为化学键中质量亏损的反冲力作用形式。比如，质子团、中子团、电子团、金属键原子、金刚石或石墨的碳原子异构体等，都属于这类化学键分子。

在原子的化合或分解的化学反应中，不论是共价键分子还是离子键分子，由于电子的重新分布，都要发生质量亏损或吸收质量的共振热辐射或吸收。

所有以固态存在的结晶体都是原子按共价键和离子键密集堆积而成的。在晶体空穴通道中充满了大量电子或介子，结晶体在电磁场共振中与周围环境进行物质交换，构成了生命最初的进化形式。

在这一章里，我们依据反冲力作用原理，提出了对电场、磁场、化学键结构定性的粗略模型。在以后的几章里，我们将根据这些模型做定量分析。

2 电动力学原理

2.1 光量子

电子是一个小旋涡体。光量子是由 2 个质量相等、自旋相反的电子在小黄道面（E 平面）上结合的双粒子。

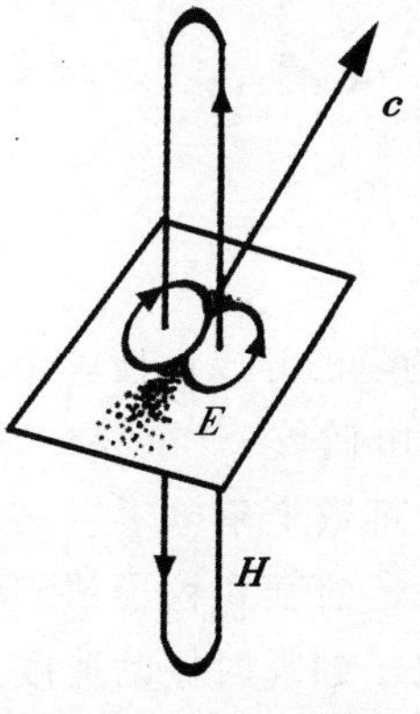

图 2-1 **光量子结构**

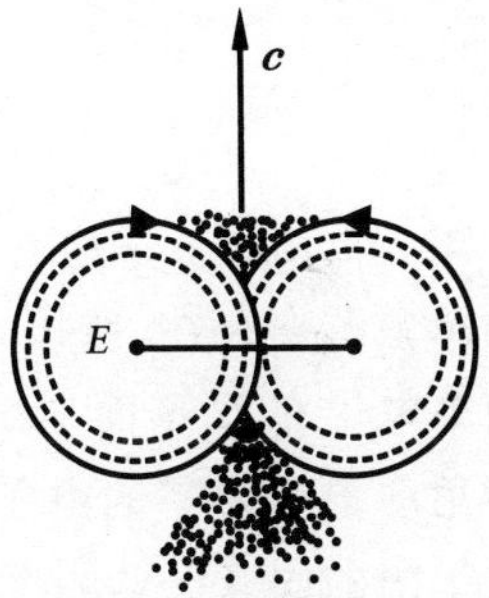

图 2-2 **光量子能级**

图 2-1 表明，以化学键结合的电子偶，由于在双电子中间结合带，质点所受向心力被抵消，使质点沿圆切线方向被抛出，在反冲力推动下，光量子会沿曲率半径为无限大的圆“自己运动”，因此，光量子的静止质量等于零。在处理光量子运动学问题时，可将它比成一个按周期间歇振荡，在时间与空间中补充燃料质量近似等于喷出燃料质量，自己推进的小火箭。因为光量子是由 2 个电子在 E 平面上结合而成的，所以它是偏振的，有 $\boldsymbol{E}\perp\boldsymbol{H}\perp\boldsymbol{c}$。图 2-2 表示电子偶在小黄道面上的物质旋涡运动呈疏密相间的条带分布（类似太阳系中的小行星环缝）。由于共振效应，双电子只能停留在各物质环缝上结

合。这些环缝是光量子的能级 ΔE_n。处于不同分立能级状态下结合的双电子的中心距 a_n 不同，其电子的质量亏损也不同。a_n 愈小的光量子有愈大的能级。光量子的能级表征了它特有的固有振动频率。是每个光量子的固有振动频率决定了光的颜色，并与光波波长有密切关系。

$$\nu_n = \frac{\Delta E_n}{h} \tag{2-1}$$

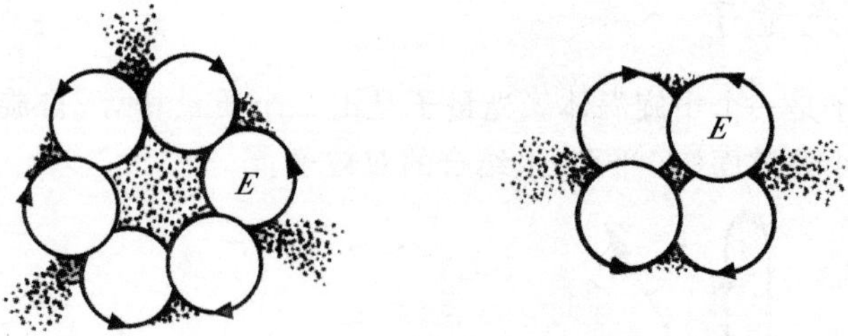

图 2-3　电子团结构

图 2-3 表示了一些电子团。自旋电子的场的开放性使单个电子很难单独游离存在，所以，电子团一般都是由偶数个“左”和“右”自旋的单电子在 E 平面上结合形成的。而由奇数个单电子组成的总自旋角动量不为零的电子链条通常是不稳定的衰变粒子团。每一个电子团的固有振动频率为 ν_n，其中每个电子的瞬时振动速度为光速 $\pm c$ 并具有内能① $m_e c^2$。

不同的光量子所需外场激发能量不同。在电场中的电子团受电场力被加速。外场所做的功除表现为电子团的动能增加外，由于阻力，所以还表现在对电子团压缩变形的质量亏损上。因此，在电场中运动的电子团，根据瞬时速度不同，被压缩的能级状态也不同。不同能级状态下的电子团有不同的固有振动频率 ν_n，恰恰是这个固有振动频率 ν_n 记忆了能量压缩过程。取在放电管中电子团的固有

① 注：在 3.14 节中将说明作为“反屏蔽”（色）电荷电子的内能和振动频率 ν_n，不能用一般的势能方程来描述。

振动频率最大值 ν_{max}，平均振动频率 $\nu=\frac{\nu_{max}}{2}$，当 $v \ll c$ 时，就有下面电动力学的基本方程：

$$eU=h\nu=\frac{m_e v^2}{2} \tag{2-2}$$

式中，m_e 是单电子的质量，h 是普朗克常数。

当在放电管中充满某种气体分子，且在气体第一电离电位临界点上，气体电离原子的主振频率等于电子团的平均固有振动频率 ν_n 时，则发生电子团在共振中被破坏，分散成在一个平面上对称辐射的 2 个或 3 个光量子(单态或三重态)，形成最强的线状光谱的辐射。

2.2 粒子的干涉和光波的内部结构

因为微观粒子质量很小，粒子之间开放键的作用相对很强，所以，任何两个电子团或光量子，在小夹角的碰撞中都表现为粒子最原始的干涉形式。我们把这种碰撞叫做“吸引碰撞”或“排斥碰撞”。例如，在图 2-4 中，两个沿同方向，在 E 平面上以小夹角相遇的光量子，因为互相靠近的电子自旋方向相反则互相吸引，使在“吸引碰撞”后的两个光量子沿其速度矢量夹角平分线 ψ 方向运动。而两个向反方向运动的光量子在 E 平面上相遇时，由于互相靠近的电子自旋方向相同而发生“排斥碰撞”相互分离。其他各种偏振的、对称或是不对称的碰撞形式，读者可以自己研究。例如，偏振面互相垂直的两个光量子，相互碰撞就不能发生干涉现象。光量子在干涉或界面反射过程中往往发生系统的偏振化，成为圆偏振光或椭圆偏振光。

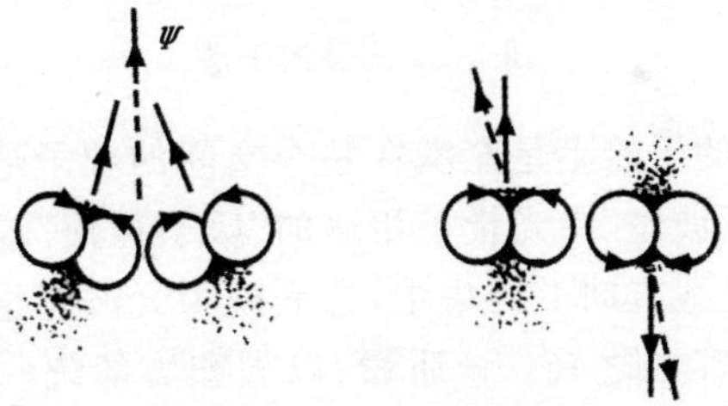

图 2-4 光量子的干涉

在空间中任何按一定平均自由程分布的“单色偏振态相同或相近微观粒子群”都能发生上述粒子的干涉现象。光波就是由光量子组成的、自己推进的粒子波。在光源的附近就已经发生干涉所形成的光线上，包含着许多长程无序分布的“线波包”。在每个“线波包”内是由光源在一次辐射，经过干涉而聚集的光量子。光量子在“线波包”内排列是有序的，前后两组光量子之间的距离为 $m\lambda$(m 是正整数，λ 是波长)。

在图 2-5 中，由一次辐射所分开的两条相干光线上，当“线波包”之间的光程差小于它本身的长度时，在一定干涉孔径条件下，两条光线能够发生干涉。在图 2-5 中给定的初始条件下，从小孔光源 S 或 S′毫无规律地向任意方向辐射的光量子，只能在与 S′或 S 两个点的理论波阵面上，光程差 $\Delta L = m\lambda$ 上各点相遇，相遇后的两组光量子在干涉后沿其速度矢量夹角平分线上的 $\boldsymbol{\psi}$ 方向运动，这个方向就是光线干涉后的传播方向。

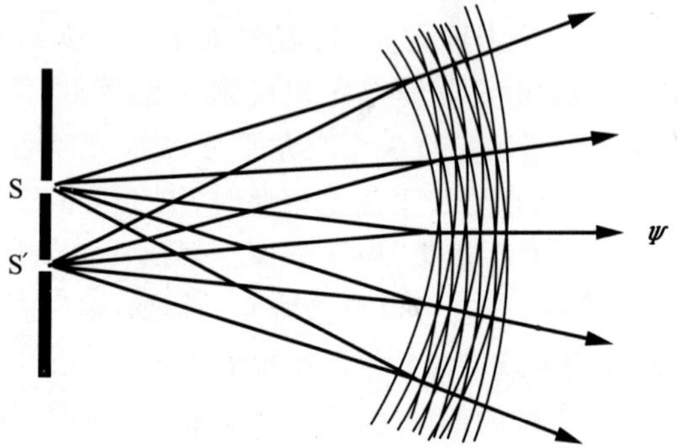

图 2-5　**光波的干涉**

因此，光波的干涉不是充满在整个空间的粒子毫无规则的弹性碰撞，而是以“线波包”中光量子相遇的“吸引碰撞”或“排斥碰撞”发生的光量子在光线方向上的集中，这表现为光波能量在干涉过程中的重新分布。《存在之轻——质量、以太和力的统一性》一书[(美)弗兰克·维尔切克著]也指出：“如果光以能量和动量包的形式传播，那还有什么能比将这些包——以及光本身——看成是电磁粒子更自然的呢？场可能更方便，正像我们将要看到的，但爱因斯坦从来不是一个将方便看得比原理更重要的人。”

光量子就是这样一种“左”和“右”的奇异偏振粒子，由于偏振的对称或不对称，而发生光波在干涉过程中的系统偏振化。苏联科学家瓦维洛夫设计的许多光学实验，十分有趣地说明了光的偏振是光学过程的基本现象之一。所有的实验都表明，光是一种粒子现象，而一切单色的运动的微观粒子群都表现为粒子的波的本性。

2.3 测不准关系式

一个电子可以表示成 $p=\dfrac{h}{\lambda}$ 的波，这究竟是一个电子的性质，还是大量电子集合体的性质呢？究竟应该怎样理解波和它所描述的粒子之间的关系呢？在玻恩对波函数的解释中，为什么得出电子停留在空间某一点的几率与波函数 $\psi^2(x \cdot y \cdot z)$ 成比例？难道只有量子力学的特殊性，一个电子才允许可以同时走两条路、同时通过两个狭缝而发生衍射？如果电子的运动不符合自然界普遍的因果关系，那么，上帝会把同一个骰子同时掷向两个狭缝吗？这种由大科学家争论的题目使人愈来愈糊涂了。

毫无疑问，一个电子或一个电子团具有固有振荡的波的性质。但是，一个电子团不可能发生上述的衍射，至少是两个电子团在“吸引碰撞”或“排斥碰撞”中才可能发生粒子的干涉或衍射现象。这种由无序到有序的辩证法，正是一切微观粒子群运动所遵循的基本规律，是决定论的自然法则。

那么，如何描述电子团群体通过电子枪的阳极小孔后在空间传播的特征呢？比如，理论上计算平均每一秒钟有 100 个电子入射到衍射体，是否每 0.01 s 就有 1 个入射电子呢？然而，这样一个一个均匀入射发生衍射的想法与常识不符。事实上，通过电子枪阳极小孔的电子团，可能在某一时刻是包含了几个粒子的波包，在以后很长时间却一个也没有。正是这种类似光波的长程无序和短程有序的特征，才构成了电子团群体在时间中衍射的基本特点。

电子团与光波衍射现象的区别是，电子团是以惯性运动在空间中传播的，所以，它有较小的惯性速度和较小的波长。在加速电场中，两极板间一定的电位差就对应着电子团单值的平均速度和电子团密度的平均波长 λ，于是有：

$$eU=h\nu=\frac{m_e v^2}{2} \tag{2-3}$$

如果将上式写成

$$2h=p\cdot\lambda \tag{2-4}$$

可是，根据德布罗意波却有

$$h=p\cdot\lambda' \tag{2-5}$$

如何理解式(2-4)与式(2-5)所给出的结果呢？研究表明，当电子团的速度 $v\ll c$，在电场中被加速的电子团波包速度很小时，即有最大固有振动频率对应着最小波长 $\lambda_{\min}=\lambda'$，平均固有振动频率对应着平均波长 $\lambda=2\lambda'$。所以，才有式(2-4)与式(2-5)并无矛盾的结果。如果将式(2-4)与式(2-5)等号两边分别相减，认为动量不变时，有

$$h=p\cdot\Delta\lambda \tag{2-6}$$

认为波长不变时，有

$$h=\Delta p\cdot\lambda \tag{2-7}$$

再将式(2-6)与式(2-7)等号两边分别相乘，有

$$\Delta p\cdot\Delta\lambda\geqslant\frac{h}{2} \tag{2-8}$$

作为量子力学描述微观粒子的关系，式(2-8)的“测不准关系式”早在量子力学理论建立后不久，便被物理学界所讨论。究竟微观粒子的行为与宏观物体有什么不同，我们还要进一步研究，因为这涉及物理学中许多根本性质的问题。

2.4 波动方程、巴尔末公式、薛定谔方程、驻波原理

1913 年，玻尔在研究光谱结构时，最先对氢原子光谱巴尔末公式作了理论解释。当时已有的原子模型是电子绕原子核旋转，正如行星绕太阳旋转一样。玻尔在这个基础上进一步假设，电子在原子

中不可能沿着经典理论所允许的每个轨道运动，而只能沿着其中一组特殊的轨道运动。玻尔假设，沿这一特殊轨道运动的电子处于稳定状态(简称定态)。处于定态的电子不吸收也不发射辐射，只有当电子由一个定态跃迁到另一个定态时，才产生辐射或吸收现象。当电子由能量 E_m 的定态跃迁到能量 E_n 的定态时，原子所吸收或发射的辐射光频率 $\nu_{m,n}$ 满足下述关系：

$$\nu_{m,n}=\frac{E_m-E_n}{h} \tag{2-9}$$

玻尔理论虽然成功地解释了氢光谱巴尔末公式的规律，但是，按照这个理论还不能说明氢原子以外的光辐射和说明原子内部电子跃迁和辐射、吸收的稳定原子模型。

按照玻尔的理论，他假定在氢原子中的电子做圆周运动，并且在圆周运动中它们的角动量是量子化的，原子中电子绕核运动稳定状态的角动量只能取 $n\hbar(n=1,2,3,4,\cdots)$。而对于角动量为什么量子化，玻尔并没有加以说明。德布罗意在他 1923 年的理论中又把驻波的概念同原子中电子的定态联系了起来。即当电子在离核中心 a_n 的圆周上形成驻波时，它必须满足圆周长等于电子波长的整倍数这一条件，有

$$2\pi a_n=n\lambda \tag{2-10}$$

但是，驻波的实际情况要复杂得多，况且，它们也不只是在圆周轨道上的整数倍波长。量子力学的薛定谔方程虽然克服了经典理论在描述上的许多困难，但是，分析起来它仍然没有脱离玻尔的观念。

下面我们运用全新的概念，在与狭义相对论、波动方程、热力学、精细结构常数等更广泛的联系中，来重新考虑氢原子光谱问题。我们将得到相同的结果，但在其他方面则有完全清晰和更简单的结论。

图 2-6 表明，以共价键结合的氢分子键长约为0.742×10^{-10} m。氢分子处于定态时，两个电子都在两个氢原子的小黄道中央的最高能极 E_0 上。由于质量亏损使电子相对氢分子处于高频振动态(静

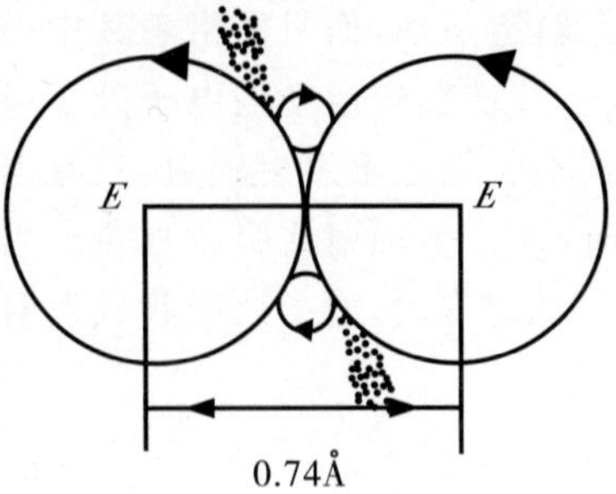

图 2-6　氢分子共价键结构

止)，如果氢分子处在13.6 V第一电离电位的电场中，这时电子距氢原子核中心的轨道半径 $a=0.4887\times10^{-10}$ m。在电场的共振中，氢分子被电离，当共价键被破坏后，被氢原于“捕获”的电子将沿涡旋轨道绕核做加速运动。电子最后达到稳态的 E_1 能级，沿玻尔半径 a_1 轨道绕氢原子公转。

当电子绕核的公转速度 v 远小于光速 c 时，以电子稳态的等效圆半径 a_1 计算，应该用电子绕核的一个周期 Δt_1 计算它的平均速度。这是因为，在理论上处于绝对圆轨道上的电子是不可能公转的。电子总是在1/2周期内接近原子核做加速运动，在相邻的1/2周期远离原子核做负加速运动，即电子是在椭圆轨道的对立中达到“均匀”转动的。所以，以等效圆轨道半径 a_1 计算，电子在核外处于稳态时有势能方程：

$$m_e a_1^2\left(\frac{2\pi}{\Delta t_1}\right)^2=\frac{e^2}{4\pi\varepsilon_0 a_1} \tag{2-11}$$

同时有

$$v_1=\frac{2\pi a_1}{\Delta t_1}\qquad 2\pi a_1=\lambda_1$$

式中，m_e 是电子质量，a_1 是玻尔半径，ε_0 是真空介电常数。

为了求解方程(2-11)，下面先来研究在波动方程中各变量之间的关系。在波动方程中，二阶导数之间有下面关系：

$$\frac{\partial^2\psi}{\partial s^2}=-\frac{\omega^2}{v^2}\psi \tag{2-12}$$

$$\frac{\partial^2\psi}{\partial t^2}=-\omega^2\psi \tag{2-13}$$

$$\frac{\partial^2\psi}{\partial s^2}=\frac{1}{v^2}\frac{\partial^2\psi}{\partial t^2} \tag{2-14}$$

$$\frac{\partial^2\psi}{\partial s^2}=\frac{\partial^2\psi}{\partial x^2}+\frac{\partial^2\psi}{\partial y^2}+\frac{\partial^2\psi}{\partial z^2} \tag{2-15}$$

$$\psi(s)=A\cos\omega(t+\frac{s}{v}) \tag{2-16}$$

在上面波函数的表示式中，与时间有关的部分总可以在这些等式中的两边被消去，因此，上面方程是波幅 $\psi(s)$ 的方程式。借助于 $\lambda=v\frac{2\pi}{\omega}$ 的关系，可以将(2-12)式写成波动方程：

$$\frac{\partial^2\psi}{\partial s^2}+\frac{4\pi^2}{\lambda^2}\psi=0 \tag{2-17}$$

当以电子绕核公转一周作为最小时间尺度计算时，因为 $\omega=\frac{2\pi}{\Delta t}$，所以，据式(2-14)和式(2-13)的关系，可将上式写成：

$$\frac{1}{\lambda^2}=\frac{1}{v^2(\Delta t)^2} \tag{2-18}$$

$$\frac{\lambda}{\Delta t}=v \tag{2-19}$$

$$2\pi a=\lambda \tag{2-20}$$

上面的三个等式是波动方程的基本关系，它表明以 2π 作为一个周期计算时，以圆频率振动的波源粒子与波动粒子的相互关系。于是，可将电子处于稳态的势能方程(2-11)写成：

$$m_e a_1^2\omega_1^2=\frac{e^2}{4\pi\varepsilon a_1} \tag{2-21}$$

因为 $a_1=\frac{v_1}{\omega_1}$，$\omega_1=\frac{2\pi}{\Delta t_1}$，可将(2-21)式写成：

$$m_e\omega_1{}^2=\frac{4\pi^2e^2}{(4\pi\varepsilon_0)v_1^2(\Delta t_1)^2a_1} \tag{2-22}$$

据式(2-18)，将方程(2-22)写成：

$$m_e\frac{v_1{}^2}{a_1}=\frac{4\pi^2e^2}{(4\pi\varepsilon_0)\lambda_1{}^2} \tag{2-23}$$

将 $\lambda_1=\frac{h}{m_e v_1}$ 的关系代入式(2-23)，有

$$a_1=\frac{(4\pi\varepsilon_0)h^2}{4\pi^2m_e e^2} \tag{2-24}$$

即玻尔半径 a_1 的解是唯一的。这表明普朗克恒量 h 是以氢原子第

一能级 E_1 上绕核运动电子的势能被其绕转频率平分所确定的常数，它是计量能量的最小单位。在下一节中，我们还要通过计算精细结构常数来进一步说明这个问题。

显然，在开放的系统中，电子的势能是以图 2-6 中点电荷的概念作计算参考点的，而实际情况可能还要复杂得多。于是，我们求出电子处于稳态时绕核转动的频率

$$E_1 = h\nu_1 = \frac{e^2}{(4\pi\varepsilon_0)a_1} \tag{2-25}$$

将式(2-24)中的 a_1 代入上式，有

$$\nu_1 = \frac{4\pi^2 m_e e^4}{(4\pi\varepsilon_0)^2 h^3} \tag{2-26}$$

现在我们分析一下电离氢分子共振光辐射的微观机制。处在 13.6 V 电场中的氢分子，当它突然失去耦合电子时就发生了第一次剧烈的振动。同样，电离后的氢原子又从邻近空间再捕获单电子，在氢原子复合过程中突然得到电子时又发生了第二次剧烈振动，这两次振动的时间间隔 Δt_n 就是氢分子在电离和复合过程中振动频率的周期。假定，被氢原子捕获的单电子的初始统计平均速度等于零。电子在开放的力学系统中沿涡旋轨道绕核做加速运动，最后在玻尔半径轨道 a_1 上达到速度 v_1，因此，电子在涡旋轨道上的平均速度等于$\frac{v_1}{2}$，电子具有$\frac{m_e {v_1}^2}{2}$的动能。但是，发生电离和复合过程经历上面两次振动的周期却各不相同。以统计学的观点来看，电离氢分子的主振频率等于$\frac{\nu_1}{2}$(根据图 3-19，参看 3.12 节)，电子沿涡旋轨道运动时，电离氢分子的主谐波频率为

$$\nu_n = \frac{\nu_1}{2m^2} \qquad m = 1,2,3,4,\cdots \tag{2-27}$$

而氢分子的电离光谱是在谐振差频中产生的，有 $\nu_n - \nu_2$，$\nu_n - \nu_3$，$\nu_n - \nu_4$，…其中 ν_n 是主振频率或主谐波频率。因为 $\nu_n + \nu_2$，$\nu_n + \nu_3$，$\nu_n + \nu_4$ 等合频已经超出了电子团的最大振动频率，所以，光谱线强度很小，可不予考虑。于是，应将氢分子的电离光谱写成差频的表

达式:

$$\nu=\frac{2\pi^2 m_e e^4}{(4\pi\varepsilon_0)^2 h^3}(\frac{1}{n^2}-\frac{1}{m^2}) \tag{2-28}$$

$$n=1,2,3,4,\cdots \qquad m\geqslant n+1$$

当 $n=1$ 时,上式是赖曼系;当 $n=2$ 时,是巴尔末系;当 $n=3$ 时,是帕邢系。于是有

$$\nu=\frac{2\pi^2 m_e e^4}{(4\pi\varepsilon_0)^2 h^3}(\frac{1}{1^2}-\frac{1}{m^2}) \qquad m=2,3,4,\cdots \tag{2-29}$$

$$\nu=\frac{2\pi^2 m_e e^4}{(4\pi\varepsilon_0)^2 h^3}(\frac{1}{2^2}-\frac{1}{m^2}) \qquad m=3,4,5,\cdots \tag{2-30}$$

$$\nu=\frac{2\pi^2 m_e e^4}{(4\pi\varepsilon_0)^2 h^3}(\frac{1}{3^2}-\frac{1}{m^2}) \qquad m=4,5,6,\cdots \tag{2-31}$$

按以往理论,如果认为电子是在封闭的力学系统中、位能为 U 的场中运动,而且它的总能量是 ε,那么就有:

$$\frac{m_e v^2}{2}=\varepsilon-U \qquad v=\sqrt{\frac{2}{m_e}(\varepsilon-U)} \tag{2-32}$$

再把电子的波长 $\lambda=\frac{h}{m_e v}$ 代入波动方程(2-17),得到:

$$\frac{\partial^2\psi}{\partial s^2}+\frac{8\pi^2 m_e}{h^2}(\varepsilon-U)\psi=0 \tag{2-33}$$

这个方程是薛定谔方程。以上这种将各量代入波动方程的做法,是量子力学用 ψ 函数描述微观粒子的一种方法。同样的,也许下面的循环运算也是正确的。即把电子在玻尔半径 a_1 轨道上的运动方程写成:

$$E_1=m_e {v_1}^2=m_e {a_1}^2 {\omega_1}^2 \tag{2-34}$$

将 $2\pi a_1=\lambda_1$ 代入上式,有

$$m_e {\omega_1}^2=\frac{4\pi^2 E_1}{{\lambda_1}^2} \tag{2-35}$$

将 $\lambda_1=\frac{h}{m_e v_1}$ 和波函数(2-12)代入上式,有

$$\frac{\partial^2\psi}{\partial s^2}+\frac{4\pi^2 m_e E_1}{h^2}\psi=0 \tag{2-36}$$

求解方程(2-36),因为 E_1 是常数,可将方程改写成:

$$\frac{\partial^2 \psi}{\partial s^2}+B^2\psi=0 \tag{2-37}$$

$$B^2=\frac{4\pi^2 m_e E_1}{h^2} \tag{2-38}$$

B^2 是常数,所以方程(2-36)是典型的谐振子振动方程,它的通解是

$$\psi(s)=A_n\cos(Bs+\delta)$$

式中,A_n 是待定常数,δ 是初相位。以电子绕核一个周期作为最小时间尺度计算时,$\psi(s)$ 是常数,则电子圆周运动的路程是 $n2\pi a_1=s$ $(n=1,2,3,\cdots)$,即有

$$Bn2\pi a_1=n2\pi$$

$$B=\frac{1}{a_1} \tag{2-39}$$

将 B 值代入式(2-38)中,借助于式(2-24)的关系,就有

$$E_1=h\nu_1=\frac{4\pi^2 m_e e^4}{(4\pi\varepsilon_0)^2 h^2} \tag{2-40}$$

我们感兴趣的并不是用某些繁琐重复的循环计算去表达玻尔的观念,而应该去追索物理学的实质。既然,粒子群运动中有序的部分表现出波的干涉特征,那么,无论是光波、电子团波还是在介质中的弹性波——所有粒子和粒子群的运动,就都应显现出粒子与波动这两方面的共同特点。

分析起来,光波、电子团波与在媒质中传播的弹性波,都具有在本质上相同的属性。而不同点仅在于:产生驻波的条件不同。

在媒质中传播的弹性波粒子的运动是在一个波长范围内就被反弹回来,而与“向前”运动的粒子发生干涉。可是,光波和电子团波常常并不具备这种产生驻波的条件。在维纳关于光的许多驻波实验中,光波在晶格中被反射,表明在产生驻波的条件下,光波的干涉除具有显著的偏振性质外,其他方面与弹性波(横波)差别不大。

什么是驻波条件呢?简言之就是粒子群中的粒子由加速运动转变为负加速运动的条件。如果自然界失去了产生驻波的条件,那么,任何粒子在很小加速力的作用下,都可以被加速到无限大的速

度，而电子团以及所有的粒子团中的粒子也都是在谐振的驻波条件下保持稳定结构的。所以，我们观察不到电子团破坏后产生光量子的缓慢的加速过程，光量子好像是瞬间被加速达到光速 c 的。

毫无疑问，驻波现象表明空间是有阻力的。驻波的产生可以由粒子间的弹性碰撞形成，也可以由反向场产生。比如，绕原子核运动的电子，它在 1/2 周期内逐渐靠近中心核做加速运动，在相邻的 1/2 周期内远离中心核做负加速运动……电子由加速运动变为负加速运动，而沿椭圆轨道绕中心核转动。不管有些椭圆轨道多么近似圆轨道，但是，如果失去了这种矛盾和差异的驻波条件，绝对圆轨道也只是理论上的一种误解。因此，研究在不同振动频率下的驻波条件，研究粒子运动的波动性质，就是物理学全部的内容。

对所有粒子群波动特征的描述，在局部时间与空间范围，不考虑波能量衰减情况下，应分 2 种情况加以描述。

1）在驻波有负相位的条件下，它的波函数是

$$\psi(s)=A_n\cos\omega(t+\frac{s}{v}) \tag{2-41}$$

式中，路程 s 可沿直线或曲线方向，v 是波的群速。

2）驻波没有负相位，所以它的波函数是

$$\psi^2(s)=A_n^2\cos^2\omega(t+\frac{s}{v}) \tag{2-42}$$

$\psi^2(s)$ 是波恩对粒子几率密度的统计描述。

我们用了大量篇幅讨论了粒子和粒子群所兼有的粒子和波这两方面的属性，尽管所作分析还很粗糙，但是，以反冲力作用原理，我们找到了牛顿力学、狭义相对论力学和量子力学的基本关系和共同的理论基础，这就是波动力学的电动力学原理。

2.5 质量与能量

质量是物理学中最基本的概念之一。理解和计算基本粒子的质量是近代物理学的中心问题。

按照牛顿的观点，质量是物体包含物质相对多少的量度，是物

体惯性大小的量度，是物体受合力与产生加速度比值的量度。因此，在经典力学中质量被认为是不变量。

然而，质量依赖于速度吗？在相对论的近代语言中，这个概念首先是在 1899 年由洛仑兹和汤姆森引进的。1921 年，泡利发表了他的广博论文，在“相对论”中又引入了“静质量” m_0 和质量 m。从此，使质量依赖于速度这一昭著的概念长久地影响着学术界。一些物理学家将著名的爱因斯坦质能方程写成不同的形式：

$$E_0 = mc^2 \tag{2-43}$$

$$E = mc^2 \tag{2-44}$$

$$E_0 = m_0 c^2 \tag{2-45}$$

$$E = m_0 c^2 \tag{2-46}$$

那么有人要问，在上面 4 个方程中究竟哪一个是正确的呢?在没有找到合理的理由之前，我们只能认为在物理学中仅有一个质量 m，它虽然随速度而变化，但是变化量是有限的。因此，对上面的 4 个方程必须持怀疑态度。爱因斯坦于 1948 年给巴尼特信中也曾指出：“要对一个没有明确定义的运动物体引进质量 $\dfrac{m_0}{\sqrt{1-(\frac{v}{c})^2}}$ 是不好的。最好不要引进静止质量以外其他质量的概念。代替引进 m 的最好办法是提及运动物体的动量和能量的表达式。”

由于历史的原因，现在，无论是在接受相对论，还是在解释它的方程物理意义时，许多大物理学家的观点也极为混乱，致使许多概念和数学方法、相关的或是不相关的常常混杂在一起。为了弄清楚这些问题，我们再回过头来看方程(1-21)的结果就会发现，牛顿方程(1-22)和爱因斯坦方程(1-23)，对于描述一个物体的运动是完全等效的。但是，我们遇到的确是物体在场的粒子群中的运动，所以必须说明物体在与整个环境相互作用过程中的质量亏损。电动力学的基本方程是

$$eU = h\nu = \frac{m_e v^2}{2} \tag{2-47}$$

当电子的速度接近光速时，显然上面方程涉及电子动能的描述是不正确的。根据反冲力作用原理，在电场中加速一个电子达到不同速度时，不但电子自己有质量亏损 Δm，而且，可以预料到，在电场的搅动中整个系统都有质量亏损。因此，应该有系统的质量亏损 Δm 和内能损失 $c^2\Delta m$，所以，应将质能方程写成：

$$\Delta E = c^2 \Delta m \tag{2-48}$$

在这里所说的系统是热力学系统。观测表明，任何场搅动的热辐射都是中性的，这是因为电力线的物质微粒总是跟随光波后面一同被物体所吸收。有趣的是靠自己推进的光量子，它们竟可以在空间中运动几十亿光年而不见显著的速度衰减。所以，从热力学的观点看，我们描述的不仅仅是一个电子的运动，而是一个被搅动的热力学系统的质量变换。

从形式上看，波动方程(1-23)或方程(1-37)似乎是可以描述一个电子，在不变的电场力 F_0 作用下的运动方程。但实际上，它计算的是加速一个电子，在热力学系统中克服耗散力所做的功，按能量守恒定律，它等于光的热辐射 $2nm_ec^2=\Delta mc^2(n=1,2,3,4,\cdots)$。

按狭义相对论的定义，相对惯性系静止的电子有内能 m_ec^2，以速度 v 运动的电子的动能是

$$E=\frac{m_ec^2}{\sqrt{1-(\frac{v}{c})^2}} \tag{2-49}$$

所以有

$$\Delta E=\frac{m_ec^2}{\sqrt{1-(\frac{v}{c})^2}}-m_ec^2=\Delta mc^2 \tag{2-50}$$

只有当 $v\ll c$ 时，将 $\frac{1}{\sqrt{1-(\frac{v}{c})^2}}=1+\frac{v^2}{2c^2}+\frac{3v^4}{8c^4}+\cdots$ 展开成泰勒级数，方程(2-50)才近似等于方程(2-47)。研究公式(2-50)表明，热力学系统动能变化是以电子从速度 $v_0\to 0$ 被加速至 v 路程 s 上，按比例计算的几何平均加速度的平均质量亏损 Δm，按能量守恒定律，变成

光的热辐射 $n2m_ec^2(n=1,2,3,\cdots)$来量度的。

对电子非线性加速过程的动能守恒关系，应采纳按比例计算的几何平均加速度来计算平均质量亏损 Δm。即在公式(1-37)中，电子从速度 $v_0\to 0$[电子质量为$\dfrac{m_e}{1-(\dfrac{0}{c})^2}$]，加速到最大速度 v[电子质量为$\dfrac{m_e}{1-(\dfrac{v}{c})^2}$]，在加速路程 s 上，按比例计算的几何平均加速度对应的平均质量亏损的光辐射是$\dfrac{m_ec^2}{\sqrt{1\times(1-\dfrac{v^2}{c^2})}}-m_ec^2=\Delta mc^2$。即是说，当电子速度 $v_0\to 0$ 时，按比例它的加速度为 1；当电子速度为 v 时，它的加速度是$(1-\dfrac{v^2}{c^2})$。但是，上式中 Δm 值却被爱因斯坦方程(1-23)直接给出，即是说公式(1-23)是将电子被加速到电大速度 v 对应的最大质量“增加”与对应几何平均加速度的平均质量“亏损”，按比例计算混为一谈代入方程(2-50)中的。因为按公式(1-23)，如果以最大速度 v 运动的电子的全部质量“增大”都转化成光量子辐射，那么在方程(2-50)中，剩下的只有电子的内能 m_ec^2，则方程(1-23)便失去了意义。若按几何平均原则，应将公式(2-50)写成

$$\Delta E=\frac{m_ec^2}{\sqrt{1\times\sqrt{1-(\dfrac{v^2}{c^2})}}}-m_ec^2=\Delta mc^2 \qquad (2-51)$$

例如，按方程(1-37)计算，电子从速度 $v_0\to 0$ 被加速到 $v=0.99999c$，$\dfrac{m_e}{1-0.99999^2}=50000.25m_e$，取按比例的几何平均值才有$\dfrac{m_e}{\sqrt{1\times(1-0.99999^2)}}=223.607m_e$，若按公式(2-51)的计算结果却应该是 $\sqrt{223.607}m_e=14.95m_e$。分别用公式(2-50)或公式(2-51)计算，则有 $\Delta E=222.607m_ec^2$ 和 $\Delta E=13.95m_ec^2$。相反，按

公式(1-23) 时钟走慢算出的 Δt_n 时间内瞬时加速度值却比方程(1-37) 中 $\Delta t_n'$ 算出的瞬时加速度值增大 $\dfrac{1}{\sqrt{1-(\frac{v}{c})^2}}$ 倍。因此，我们认为爱因斯坦方程(1-23) 是错误的。当电子被加速接近光速 c 时，按公式(1-23) 和公式(1-37) 计算总的加速时间应有所不同。事实上，爱因斯坦的质能方程(2-50) 也只是带有几率性质的热力学系统的统计概率性的描述。在某些特殊装置(比如 X 射线管、激光器、回旋加速器同步辐射装置) 中，电子团质量亏损 Δm 是相当大的，并不受公式(2-50) 的约束。因此，对加速多个电子的热力学系统，一个光量子辐射的能量不等于 $h\nu$，而是由电子的质量亏损 $Nh\nu$(N 取正整数) 来计算，有动能耗散为

$$\Delta E = NeU = Nh\nu = \Delta mc^2 \tag{2-52}$$

在公式(2-52) 中，N 表示电子的个数，取正整数；Δm 表示加速多个电子的质量亏损(在计算中往往 N 被消去)，只有当 $\Delta m > 2m_e$ 时我们才能观察到光量子辐射。

因此我们认为波动方程(1-37)是正确的，总加速时间应由该式确定。也许按洛仑兹变换可解释为：以被加速电子作参照系，它的时钟走慢了。然后，这种思辨混乱的数学方法，却又使我们回到"时钟佯谬"无休止的讨论中。

认为作用力 F_0 不变，当电子被加速至接近光速时，忽略公式(2-50)中 $m_e c^2$ 一项，将公式写成热力学系统总动能耗散的表达式：

$$\Delta E \approx E = \frac{m_e c^2}{\sqrt{1-(\frac{v}{c})^2}} \tag{2-53}$$

或者忽略 $m_e v$，将系统总动量耗散写成：

$$\Delta p \approx p = \frac{m_e v}{\sqrt{1-(\frac{v}{c})^2}} \tag{2-54}$$

例如，高能 X 射线光子群与相对静止的电子团在弹性碰撞中的动能交换，就可以用式(2-51)和式(2-54)的能量动量守恒关系去计

算被粒子群散射后的X射线波长随散射角θ的变化：

$$\Delta\lambda = \frac{h}{m_e c}(1-\cos\theta) \tag{2-55}$$

作为质量转化的例子，以高速运动的"正"电子团突然被韧致辐射破坏而分散成在一个平面上向相反方向运动的2个光量子，或3个出射夹角为120°的光量子（共面三重态），以及γ射线的韧致辐射产生正、负电子团。这些都说明我们所确定的电子团结构和光量子模型基本是正确的。

在此，我们在新的意义上保留了狭义相对论的基本方程(2-50)和方程(2-54)，而且说明了热是质量亏损的物质动运形式，因此，没有理由引入静止质量和动质量，在物理学中只有一个质量m。

严格说来，电子的质量也在m_e和$m_e-\Delta m$之间变化（Δm是电子吸收或喷射很小的量）。谈到质量亏损，在计算中我们实际上忽略了作为场传递微小质点的质量。

2.6 关于精细结构常数的计算

泡利最有趣的笑话之一是，泡利到天堂后，作为对理论物理学家的恩赐，他获准与上帝进行一次会见。当他按惯例被允许表达自己的愿望时，他请求上帝向他解释为什么精细结构常数的值是：$\alpha=0.00729735\cdots$上帝走到黑板前流利地写出公式。开始泡利高兴地看着，但不久他就使劲地摇头，这意味着他对此表示不满意。可见上帝也没有达到泡利的标准！

直到最近，大部分物理学家才把解释精细结构常数α值看做是重要的和亟待解决的问题之一。因为，随着各种大统一理论的出现，比如，弱电统一标准模型、超弦和超膜理论、大爆炸和黑洞的宇宙模型等，都要求对现有的量子场论有更深的理解。

十分明显，在电动力学中，这一无量纲的数有非同寻常的意义，它的值是

$$\alpha = \frac{2\pi e^2}{4\pi\varepsilon_0 hc} = 0.007297351\cdots \tag{2-56}$$

基本电荷 e 是反映电子与原子耦合程度的量，量度这种耦合程度的无量纲量就是精细结构常数。它在原子物理中起着基本作用。在研究光谱的精细结构时，α 也是一个极为重要的常数。

一开始，$1/\alpha$ 曾被认为精确等于 137。从前，爱丁顿、贝克、贝蒂、黑兹勒和福克等一代物理学家，曾为 $1/\alpha$ 是 137 还是 136，展开过一场激烈的争论。当时，在学术界几乎刮起寻找各种解释 α 值的理论研讨热潮。之后，人们对 α 值的进一步推测一直没有停止过。1971 年，数学家威勒给出了一个 α 值的公式：

$$\alpha=\frac{9}{8\pi^4}\left(\frac{\pi^5}{2^2\cdot 5!}\right)$$

但是，令人惊讶的是，运用纯数学逻辑去发现同样简单、准确和空洞的公式并不难。随着实验精度的提高，实验表明 $1/\alpha$ 并非整数，这就使它显得格外神秘。直到现在，量子理论还不能免除某些困难。最困难的问题在于如何说明 α 这个数。对于这个问题，现在人们甚至还不知道如何着手，因为这个 α 是一个不名数。原则上，理论应该能够根据某些普遍的物理学原理把 α 推导出来，但是，这种原理在量子场论中还没有得到表述。

下面我们来计算精细结构常数 α。在 2.4 节已经指出，普朗克恒量 h 是根据在氢原子玻尔半径 a_1 轨道上运动电子的势能，被其绕转频率平分的常数。h 是作为计量能量的最小单位，因此，应该将方程(2-11)写成：

$$h\nu_1 = \frac{e^2}{4\pi\varepsilon_0 a_1} \tag{2-57}$$

波动方程分析的结果告诉我们，当以电子绕氢原子运动一周来计算电子的平均速度 v_1 时，有

$$\lambda_1 = 2\pi a_1$$

现在令

$$\alpha\cdot c = v_1$$

将上面的关系代入式(2-57)中立刻得到

$$h\frac{\alpha c}{\lambda_1} = \frac{e^2}{4\pi\varepsilon_0 a_1} \tag{2-58}$$

$$\alpha = \frac{2\pi e^2}{4\pi\varepsilon_0 hc}$$

这正是 α 值的表达式。因此，精细结构常数 α 应表示为

$$\alpha = \frac{v_1}{c}$$

即 α 值等于在氢原子玻尔半径 a_1 轨道上绕转电子的平均速度 v_1 与真空中光速 c 之比。即有：

$$a_1 = 0.52917715 \times 10^{-10} \text{ m}$$

$$\frac{m_e v_1^2}{a_1} = \frac{e^2}{4\pi\varepsilon_0 a_1^2}$$

$$v_1 = \sqrt{\frac{e^2}{4\pi\varepsilon_0 m_e a_1}} = 2187690.498 \text{ m/s} \tag{2-59}$$

$$\alpha = \frac{v_1}{c} = \frac{2187690.498}{299792458} = 0.007297351 \tag{2-60}$$

我们再来看在电场中被加速的电子团波长与光波波长最简单的关系。因为，是在电场的共振中，由电子团破坏、分散而产生的光波的量子辐射，所以，电子团波与光波两者的平均振动频率相同，只是波的群速不同。因此，在距波源距离不太远时，它们的平均波长之比也应等于 α。这是 $eU = h\nu$ 描述这两种波动所给出的最直观结果。因此，对在氢原子玻尔半径 a_1 轨道上绕转的电子，也有

$$\alpha = \frac{\lambda_1}{\lambda_c} \tag{2-61}$$

氢原子第一电离电位等于 13.6V，即有德布罗意波波长为

$$\lambda'_1 = \frac{h}{\sqrt{2eU_1 m_e}} = 3.325637 \times 10^{-10} \text{ m} \tag{2-62}$$

在前面对“测不准关系式”的讨论中已指出，当电子团的速度 v_1 远小于光速时，其电子团平均波长 λ_1 近似等于德布罗意波波长 λ'_1 的 2 倍，即有

$$\lambda_1 = 2\lambda'_1 = 6.651274 \times 10^{-10} \text{ m} \tag{2-63}$$

对应氢分子在第一电离电位 13.6V 的电离光谱主振频率的平均波长为

$$\lambda_c = \frac{Nch}{NeU_1} = \frac{299792458 \times 6.626196 \times 10^{-34}}{1.6021892 \times 10^{-19} \times 13.6}$$

$$= 9.1165868 \times 10^{-8}(\mathrm{m}) \quad (\text{式中 } N \text{ 取整数被消去}) \quad (2\text{-}64)$$

$$\alpha = \frac{\lambda_1}{\lambda_c} = \frac{6.651274 \times 10^{-10}}{9.1165868 \times 10^{-8}} = 0.0072957 \quad (2\text{-}65)$$

下面计算普朗克常数 h 与光量子动能 $2m_e c^2$ 之比，据公式(2-57)，有

$$\frac{h}{2m_e c^2} = \frac{m_e v_1{}^2}{2m_e c^2 \nu_1} \quad (2\text{-}66)$$

氢光谱的主振频率 $\nu_c = \frac{\nu_1}{2}$，$\frac{2c}{\lambda_c} = \nu_1$，将公式(2-66)写成

$$\frac{h}{2m_e c^2} = \frac{m_e v_1{}^2 \lambda_c}{2m_e c^2 \cdot 2c} = \frac{v_1{}^2 \lambda_c}{4c^3} \quad (2\text{-}67)$$

其中，$\lambda_c = \frac{1}{R_\infty}$，精细结构常数 $\alpha = \frac{v_1}{c}$，代入公式(2-67)，有

$$\frac{h}{2m_e c^2} = \frac{\alpha^2}{4cR_\infty} \quad (2\text{-}68)$$

$$\alpha = \sqrt{\frac{2hR_\infty}{m_e c}} = \sqrt{2\lambda_{ce} R_\infty} = \sqrt{\frac{2\lambda_{ce}}{\lambda_c}} = 0.0072973\cdots \quad (2\text{-}69)$$

公式(2-68)中表示了精细结构常数 α 与里德伯常数 R_∞、普朗克常数 h、光量子动能 $2m_e c^2$ 或是电子康普顿波长 λ_{ce} 诸多物理学常数之间的关系。精细结构常数 α 是电动力学的基本常数，它与玻尔兹曼常数 k、阿伏伽德罗常数 N_0、维恩位移常数 b 等都是在相互关联的基础上被确定的。我们将在以后逐步研究这些基本物理常数之间的关系。

2.7　黑体辐射、精细结构常数与热力学温标

在电磁场(温度场)的测量中，我们遇到 3 种物质波：① 光波，它是一种“自己推进”的远程电子波，在真空中群速等于 c。② 在电场中加速的电子团群体 —— 电子团波，它们的运动速度等于 v(平均速度)。③ 电场振动所产生的物质波，它们都是由比电子还小的物质微粒组成的。这些物质波被粒子吸收或抛射，构成了可被观测粒子运

动的反冲原动力。这就是我们用电力线所描述的电场波，它们传播的距离大致在 10^7 m，其搅动群速在真空中也近似等于 c。

以上 3 种物质波的振动频率都相同，只是波的载体与波的群速不同。然而，热力学系统之间一切能量的交换都是 $c^2\Delta m$ 和 $\frac{1}{2}mv^2$ 的质量交换。是什么原因促使物质中的分子或原子做永不停息的运动呢？实际上，正是以共价键或离子键方式结合的分子和核外电子的振动（定态）或绕核转动，才使分子或原子处在两体或多体的动量守恒的运动状态。

我们知道，氧的双原子分子的最大线度约等于 4 Å，氮分子也有这样大，氢分子却小得多。氧分子的体积约为 10^{-29} m^3。在标准条件下，1 m^3 的氧分子有 2.68676×10^{25} 个分子（洛喜脱常数），因此，每一个分子所分摊到的体积接近 4×10^{-26} m^3。比较氧分子的固有体积，就可以知道分子的分布是怎样稀疏。十分明显，在这样小的密度下分子相遇次数比较少。分子相继两次碰撞之间的平均自由程是 1000 Å，而分子的速度很大，在 500 m/s 左右，因此平均大约经过 10^{-10} s 才能碰撞 1 次。所以，分子在它“生命”的绝大部分时间内都是做自由运动的。用这样的情形描述气体，只有在平常条件下才是正确的。若压力或温度升高，会使上述情形发生根本改变。

在玻耳兹曼对分子热运动的统计描述中，他首先确定了分子热运动的平均动能可以用其速率平方的平均值 $\overline{v^2}$ 来表示，即

$$\overline{E}_K = \frac{1}{2}m\,\overline{v^2} \tag{2-70}$$

$\overline{E}_K$ 与气体温度 T（绝对温度）之间关系为

$$\overline{E}_K = \frac{3}{2}kT \tag{2-71}$$

$\overline{E}_K$ 和单位体积中 N_0 个分子对容器器壁产生的压强的关系为

$$pV = \frac{2}{3}N_0\,\overline{E}_K \tag{2-72}$$

$$pV = N_0 kT \tag{2-73}$$

上述公式，可确定阿伏伽德罗常数 $N_0 = 6.022\times10^{23}$ 个 /mol，

普适气体常数 $R = 8.314\ \mathrm{J/(mol \cdot K)}$，玻耳兹曼常数 $k = \dfrac{R}{N_0} = 1.38066 \times 10^{-23}\ \mathrm{J/K}$，等等。它奠定了热力学完整的理论基础。

既然分子运动与电子的分布有关，那么，是否能够用电子的运动状态去描述每个分子或原子的内能呢？作为电动力学与热力学相关联的普朗克黑体辐射公式就是研究上述关系的。

为了测量绝对黑体热辐射的分布函数 $\rho(\nu T)$ 或 $\rho(\lambda T)$，人们一般是把耐火材料制成长管子放在炉火中加热。通过小孔，用摄谱仪研究热辐射的性质。实验指出，一般温度下的黑体辐射集中在 1～5μm 波段的红外线，只有当温度很高时，才包括可见光谱范围，并随温度升高热辐射的极大值向短波方向移动（维恩定律）。黑体辐射只与绝对温度 T 有关，而与空腔的形状与组成物质无关。

1900 年普朗克获得了一个和实验结果一致的纯粹的经验公式。1901 年他提出了能量量子化的假设，才初步解决了黑体辐射的问题。普朗克公式的形式是

$$w_{\lambda\nu}\,\mathrm{d}\nu = \frac{8\pi h\nu^3}{c^3}\,\frac{1}{\mathrm{e}^{h\nu/kT} - 1}\mathrm{d}\nu \tag{2-74}$$

我们很容易算出 $w_{\lambda\nu}\,\mathrm{d}\nu$ 曲线最大值应为 $\dfrac{h\nu_m}{kT} = 5$。即

$$\frac{h\nu_m}{kT} = \frac{hc}{kT\lambda_m} = \frac{hc}{kb}$$

$$\frac{hc}{kb} = \frac{6.626196 \times 10^{-34} \times 299792458}{1.3806633 \times 10^{-23} \times 0.0028775786} = 5$$

因此，可以认为维恩定律是检验 $w_{\lambda\nu}\,\mathrm{d}\nu$ 函数精确度的一个标准。

为了进一步研究方程（2-74），我们先讨论热力学温标分度问题。

既然普朗克常数 h 是在黑体辐射的公式中被确定的，那么，在一个平动自由度上，氢原子在远紫外波段的主振频率 ν_1 对应的热力学温度 T_0，就应该有温度势能 kT_0

$$kT_0 = 2eU_1 = m_e v_1^2 \tag{2-75}$$

式中，k 是玻耳兹曼常数；U_1 是氢分子的第一电离电位，$U_1 =$

13.6 V。于是有

$$T_0 = \frac{1.6021892 \times 10^{-19} \times 27.2}{1.3806633 \times 10^{-23}} = 315642.0992(\text{K}) \tag{2-76}$$

但是 T_0 值并不是我们采用的热力学温度。由于历史的原因，我们定义上面的热力学温度值是

$$T_1 = \frac{T_0}{10} = 31564.20992 \text{ K} \tag{2-77}$$

为什么用电动力学计算能量与用热力学计算能量的相对关系时会产生矛盾呢？阿伏伽德罗定律表明：在相同温度与压强下，相同容积所含任何物质的基本单元数相等。这包括离子、分子甚至是大颗粒的物质。图 2-3 表明电子团是由 6 个单电子或 4 个单电子组成的，平均值是 5 个（因为实验中从未发现 1 个电子团衰变成 4 个以上光量子的情况）。当电子团成为系统主要热源时，应该将公式（2-75）写成：

$$\frac{N_0 eU_1}{5} = RT_1 = N_0 kT_1 \qquad 0.2eU_1 = kT_1 \tag{2-78}$$

$$T_1 = \frac{0.2eU_1}{k} = 31564.20992 \text{ K} \tag{2-79}$$

式中，R 是普适气体常数，N_0 是单电子数，k 是玻耳兹曼常数。就是说，把电子团当作理想气体来研究时，热力学温度 T_1 是由主振频率 ν_m 确定的。因此，主振频率单一波长对应电子的动能 eU_1 与 kT_1 之间的比值为

$$\frac{h\nu_m}{kT_1} = 5 \tag{2-80}$$

即应该用 T_1 去平分 U_1 来确定热力学温标，有

$$\Delta U_T = \frac{13.60}{31564.20992} = 4.3086774 \times 10^{-4}(\text{V/K}) \tag{2-81}$$

ΔU_T 是普适常数，我们有

$$e \cdot \Delta U_T \cdot T = \frac{hc}{\lambda_m} \tag{2-82}$$

$$\lambda_m \cdot T = \frac{hc}{e \cdot \Delta U_T}$$

$$\lambda_m \cdot T = b$$

$$b=\frac{hc}{e\cdot\Delta U_T}=\frac{6.626196\times10^{-34}\times299792458}{1.6021892\times10^{-19}\times4.3086774\times10^{-4}}$$
$$=0.0028775786(\mathrm{m}\cdot\mathrm{K})$$

上式正是维恩位移定律。即随温度升高，黑体辐射的主振频率的波长 λ_m 向短波方向移动。常数 b 的精确值为 0.0028775786 m·K。

玻耳兹曼常数

$$k=\frac{e\Delta U_T}{5}=\frac{1.6021892\times10^{-19}\times4.3086774\times10^{-4}}{5}$$
$$=1.380663279\times10^{-23}(\mathrm{J/K})$$

显然，如果用单电子作为物质基本单元计算，以 $\lambda'=\frac{\lambda_m}{2}$ 的最小光波波长(对应 $2eU_1$)和 T_0 进行热力学温标分度的话，就有

$$\Delta U_{2T}=\frac{27.2}{T_0}=\frac{27.2}{315642.0992}=8.6173549\times10^{-5}(\mathrm{V/K}) \quad (2\text{-}83)$$

和

$$\lambda' T=\frac{hc}{e\cdot\Delta U_{2T}} \quad (2\text{-}84)$$

$$\lambda'\cdot T=c_2 \quad (2\text{-}85)$$

$$c_2=\frac{hc}{e\cdot\Delta U_{2T}}=\frac{6.626196\times10^{-34}\times299792458}{1.6021892\times10^{-19}\times8.6173549\times10^{-5}}$$
$$=0.014387893(\mathrm{m}\cdot\mathrm{K}) \quad (2\text{-}86)$$

即有第二辐射常数 $c_2=0.014387893$ m·K。

当然，第二辐射常数 c_2 经常被用在温标精细分度的比例关系中。我们有玻耳兹曼常数和维恩位移常数

$$k=eU_{2T}=1.6021892\times10^{-19}\times8.6173549\times10^{-5}=1.38066\times10^{-23}(\mathrm{J/K})$$

$$b=\frac{c_2}{5}=\frac{0.014387893}{5}=0.0028775780(\mathrm{m}\cdot\mathrm{K})$$

但是，在实际情况下，任何黑体辐射都是由主振频率 ν_m 和谐振频率 $\nu_1,\nu_2,\nu_3\cdots$ 组成的广谱热辐射。所以，应该以广谱热辐射能量的平均值来计算。例如，在带有热阴极密封放电管中充满氢分子气体

时，在放电管电极间加上 13.6 V 电压后，开始时电场能必须消耗电能 $\Delta\varepsilon_1$ 促使氢分子电离，同时使放电管内阻增大。在氢分子达到电离和复合平衡状态后，电场供给系统的平均动能为

$$eU_1 - \Delta\varepsilon_1 \tag{2-87}$$

就是说，热力学系统是在欧姆定律下达到吸收与辐射的热平衡的。对主振频率被电离的氢原子具有 kT_1 的温度动能。由于氢分子电离，使放电管内阻增大，因为单电子只能在复合成电子团后才能被加速至阳极，所以，这种复合过程释放出大量内能，导致了激发态的共振热辐射。由此看来，在放电管内的局部空间范围，电离的氢原子热力学温度 T_1 是极高的。

在图 2-6 中，我们知道 2 个氢原子结合成 1 个氢分子 H_2 时，其共价键的平均统计键长为 0.742×10^{-10} m。因此，在 2 个自旋取向相同的氢原子的小黄道面中央，有 2 个与氢原子自旋相反的耦合电子，它们被卡在中间。一个氢原子向“左”转动，另一个氢原子向“右”转动，所以，使耦合电子处于左、右的振动态。当温度升高时，氢分子变成椭圆，在温度达到了 $T_1 \approx 31564.20992$ K 时，其共价键上耦合电子被拉开至最大距离，这时电子的轨道半径为 $a = 0.4887 \times 10^{-10}$ m，并随后被电离共振破坏成非稳态的氢原子。在非稳态的氢原子上绕转电子经过加速运动过程达到稳态，这时电子绕核公转的平均轨道半径是玻尔半径 $a_1 = 0.52917715 \times 10^{-10}$ m。

氢分子在定态时的电子平均轨道半径为：$a = 0.4887 \times 10^{-10}$ m（关于 a 的取值还要通过计算氢分子的热容进一步论证）。因此，电子处于定态的势能是

$$\varepsilon_0 = \frac{e^2}{4\pi\varepsilon_0 a} = 4.7207809 \times 10^{-18}\ \text{J} \tag{2-88}$$

电子处在电离后稳态均匀转动的势能是

$$\varepsilon_1 = \frac{e^2}{4\pi\varepsilon_0 a_1} = 4.3598136 \times 10^{-18}\ \text{J} \tag{2-89}$$

$$-\Delta\varepsilon_1 = \varepsilon_1 - \varepsilon_0 = 3.609637 \times 10^{-19}\ \text{J} \tag{2-90}$$

其中 1 个电子的结合能是

$$|\Delta\varepsilon_1| = 3.609673 \times 10^{-19}\ \mathrm{J} \tag{2-91}$$

将$|\Delta\varepsilon_1|$值代入式(2-87)中，即求出黑体辐射的广谱频率对应的kT_1比值为

$$\frac{kT_1}{eU_1 - \Delta\varepsilon_1} \tag{2-92}$$

将$U_1 = 13.6\ \mathrm{V}, T_1 = 31564.20992\ \mathrm{K}, \Delta\varepsilon_1 = 3.609673 \times 10^{-19}\ \mathrm{J}$代入(2-92)式，求出无量纲的比例常数为

$$\frac{1.3806633\times10^{-23}\times31564.20992}{1.6021892\times10^{-19}\times13.6-3.609673\times10^{-19}}=0.239710154\approx\frac{1}{4.18} \tag{2-93}$$

化学分析也表明，1mol 的氢分子分裂成 2mol 的氢原子时，吸收的热量刚好是

$$\begin{aligned}-Q &= 2\Delta\varepsilon_1 \cdot N_0 = 7.219346 \times 10^{-19} \times 6.02204 \times 10^{23} \\ &= 434751.9(\mathrm{J})\end{aligned} \tag{2-94}$$

以上对氢分子内能变化的分析与计算，和前面我们对氢光谱发射的电子轨道跃迁计算的结论相符。这表明，氢分子在热辐射中除了吸收分子结合能，减小耦合电子势能外，还把这部分势能变成分子运动动能，很少有其他的质量亏损(由于分子热运动的速度远小于光速，因此，没有计算相对论的质量亏损；就是说，系统的质量亏损Δm主要是由电源供给的)。

公式(2-93)是用氢原子作标准算出的比例常数。这个标准适用于任何处于热平衡状态下的热力学系统的黑体辐射，因此，比例常数是普适常数。另外，我们仍注意到，在热力学系统平衡状态下保持温度T不变时，根据氢分子计算，有

$$J = \frac{eU_1}{eU_1 - \Delta\varepsilon_1} = 1.2 \tag{2-95}$$

式中，J表示电离能量比，也是普适常数。或者将上式表示成

$$\frac{\Delta\varepsilon_1}{eU_1} = 0.1666 \tag{2-96}$$

这表明，在热平衡状态下，一切黑体辐射电磁波的发射本领$e_{\lambda(T)}$与吸收电磁波辐射本领$q_{\lambda(T)}$之比，对任何物质都为一常数。即有基

尔霍夫定律：

$$\frac{e\lambda_1(T)}{q\lambda_1(T)} = \frac{e\lambda_2(T)}{q\lambda_2(T)} = \cdots = \text{常数} \tag{2-97}$$

公式(2-96)还表明，热力学系统的电离能 eU_1 与电子的结合能 $\Delta\varepsilon_1$，是完全不同的两个概念。因为，被加速电子动能为 eU_1，只有 $0.166eU_1$ 转化为分子结合能，造成系统内阻增大，在欧姆定律平衡状态下，有 $\Delta\varepsilon_1 = 0.166 \cdot eU_1 = 3.61 \times 10^{-19}$ J 是电子结合能。

一个物体向外辐射能量的同时，还吸收从其他物体辐射来的能量；如果物体辐射出去的能量恰好等于在同一时间所吸收的能量，则辐射过程达到平衡，此时物体具有固定温度。所谓黑体，是指能够全部吸收入射的任何频率的电磁波的理想物体。实际上绝对黑体是不存在的。任何辐射和吸收都不是均分的广谱电磁波频谱，而是对应着主振频率 ν_m 和谐振频率 ν_1、ν_2、… 的辐射。在统计物理学中，把空腔内的辐射看做是光子气体。光子是玻色子，根据玻色分布可以导出处于平衡的黑体辐射场能量密度 w 按频率分布的普朗克公式，也可以求得描述黑体辐射场的总能量与热力学温度间关系的斯忒藩－玻耳兹曼定律和黑体辐射的物态方程

$$p = \frac{1}{3}w(T)$$

可以证明，黑体单位表面积单位时间发出的总辐射能量 M 与辐射场总能量密度 w 之间的关系为

$$M = \frac{1}{4}cw(T)$$

上面两式中，p 是压力，c 为光速，$w(T)$ 只依赖于温度。上述由统计物理学得到的关于黑体辐射的公式和定律，与实验结果基本相符。

为了求出黑体的面发射本领(曲线下的面积)，应将公式(2-70)写成面发射本领对频率积分的形式，有

$$\int_0^{\infty} e_\nu \mathrm{d}\nu = \int_0^{\infty} \frac{2\pi h\nu^3}{c^2} \frac{1}{\mathrm{e}^{h\nu/kT} - 1}\mathrm{d}\nu \tag{2-98}$$

从上面的积分式中可以推出斯忒藩-玻耳兹曼定律：$E_T = \delta T^4$。

即黑体的面发射本领与温度 T 的四次方成正比。用上式对频率 0 到 ∞ 积分，可以算出常数 δ：

$$\delta = 5.6697 \times 10^{-8}\ \mathrm{W/(m^2 \cdot K^4)} \tag{2-99}$$

δ 是斯忒藩-玻耳兹曼常数。

2.8 玻尔磁子、真空极化与电子的回磁比

现在我们考虑在玻尔半径 a_1 轨道上绕氢原子运动的电子所产生的磁矩。

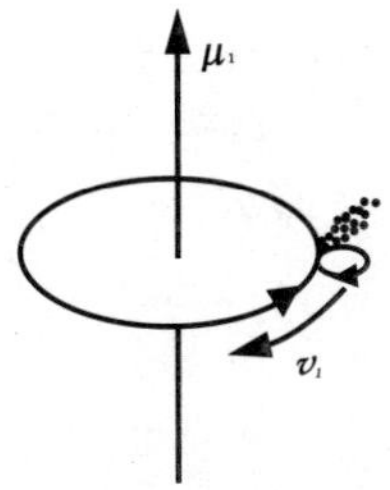

图 2-7 玻耳磁子

图 2-7 中表示，处于稳态的氢原子中的电子是以与氢原子自旋方向相反的旋转方向，在小黄道面上，半径为 a_1 轨道上绕核转动的。因此，电子具有势能。图中表明电子绕转所产生磁矩 $\boldsymbol{\mu}_1$ 的方向是由原子自旋方向，相当于正电流方向，按右手螺旋定则规定的。因为，电子是在键抛射物质反冲力推动和吸引下克服阻力，在平衡状态下绕核运动的。因此，这种情况可以被等效地看成环形电流。所以，在有心力场中转动电子的等效电流强度是

$$I = \nu_1 e \qquad \nu_1 = \frac{v_1}{2\pi a_1} \tag{2-100}$$

式中，a_1 是玻尔半径，v_1 是电子平均自转线速度，ν_1 是绕转频率。于是

$$I = \frac{v_1 e}{2\pi a_1} \tag{2-101}$$

而转动电子的磁矩

$$\mu_1 = \frac{v_1 e}{2\pi a_1} \cdot \pi a_1{}^2 = \frac{1}{2} e v_1 a_1 = 9.274078 \times 10^{-24}\ \mathrm{J/T} \tag{2-102}$$

基本磁矩的自然单位玻尔磁子 μ_1，也是以在玻尔半径 a_1 轨道上绕氢原子运动的电子来描述的。

再考察沿垂直于外磁场磁力线方向运动的电子团所产生的磁矩 μ'。十分明显，电子团受洛仑兹力相对负电流运动方向应该用右

手定则判定。对比说明，μ' 的磁矩总是抵消原外磁场的磁矩。上述两种现象本质的区别还有：在磁场中运动的电子团，外磁场只给它提供向心力（洛仑兹力），却没有切线力，因此，电子团只能做惯性的衰减运动。如果没有外加高频电磁场提供周期补偿的切线力的话，电子团运动的轨道必然会发生动能衰减的轨道收缩进动现象。这种进动是由电子自身运动产生磁矩造成的自感的动能消耗，就是通常所说的真空极化。

既然，电子的角动量 L 与它产生的磁矩 μ 是互为因果关系的自然现象，那么，就有电子磁矩 μ 与角动量 L 之比（即电子的回磁比）为：

$$\frac{\mu}{L}=\frac{1}{2}\frac{eva}{m_e va}=\frac{e}{2m_e} \tag{2-103}$$

将上式写成在真空中相对论平均质量“增大”的表达式，有

$$\frac{\mu}{L}=\frac{e\sqrt{1-(\frac{v}{c})^2}}{2m_e} \tag{2-104}$$

如果在(2-104)式中电子的速度 v 是不变量，比如，绕氢原子运动的电子就属于这种情况，则电子回磁比的相对论表示式就是式(2-104)。

如果在加速器磁场中运动的电子团以初始速度 v' 做惯性衰减运动至速度 v，则应取电子在一个回转周期中的速度 $v'>v$，将式(2-104) 写成相对论质量：

$$m=\frac{m_e}{\sqrt{1-(\frac{v}{c})^2}}>\frac{m_e}{\sqrt{1-(\frac{v'}{c})^2}}=m' \tag{2-105}$$

令

$$m'\approx m(1-\alpha_e) \tag{2-106}$$

$$\frac{\mu}{L}=\frac{e}{2(m-\alpha_e m)}\approx\frac{e(1+\alpha_e)}{2m} \tag{2-107}$$

因为，按照狄拉克量子电动力学的理论，自旋为 1/2 的粒子的固有磁矩与自旋之比是上式的 2 倍，所以，通常将式(2-107)写成：

$$\frac{eg}{2m},\qquad g=2(1+\alpha_e)\tag{2-108}$$

测量(2-108)式中 $1+\alpha_e$ 的这一偏离实验，被称为 $g-2$ 实验。

量子电动力学将 g 因子与 2 相差大约千分之一，称之为反常磁矩。并把这一偏离的原因解释为电子在外电磁场发生作用的过程中产生了 1 个或多个虚光子。甚至还要考虑这些虚光子转化为虚带电粒子对，以及电子通过弱相互作用产生其他虚粒子的可能性。量子电动力学通过重正化微扰论的计算，都是基于 $\alpha=\frac{1}{137}$ 这个参量进行的。虽然，连同氢光谱的 $2S_{1/2}$ 和 $2P_{1/2}$ 光谱的修正(兰姆移位)以及对 μ 子反常磁矩的修正，都与实验在很高的精度上相符合，但是和其他的量子场论一样，这些理论都存在一个共同的问题：以数学概念从无限大分出有意义的有限的过程都很繁琐，而且不可靠。量子电动力学重正化对发散困难的解决，并没有把这些修正建立在广泛的物理学原理基础之上，因此，对量子力学的主要理论困难解决得并不彻底。

上述的理论和实验，反映了目前量子场论对"真空并不是没有物质空间"认识的现代水平。事实上，对电子回磁比 $1+\alpha_e$ 的修正，表现为微观粒子在真空中做惯性衰减运动的基本规律。以 2π 作为一个周期计算，原则上 $\alpha_e=\frac{\alpha}{2\pi}=1.1614093\times10^{-3}$。例如，10 GeV 的电子团在曲率半径为 100 m 的对撞机中做回转运动时，每圈要补偿给电子做惯性衰减运动的能量约为 10MeV 左右，这个比值正好是 α_e 值。这表明，真空只是作为媒质量子场的一种状态。目前，最新的实验结果是测量到

$$\alpha_e=(1159652.460\pm0.148)\times10^{-9}\tag{2-109}$$

例如，μ 子是由 4 个或 6 个单电子组成的电子链条(参看 3.9 节)。μ 子的相对论质量为电子的 206 倍左右，按式(2-53)计算它的初始惯性速度已达到 $0.999988c$。实验测得：

$$\alpha_\mu=(1165921\pm8.3)\times10^{-9}\tag{2-110}$$

特别是当 μ 子被原子俘获在原子外代替电子所形成的奇特原

子，就使得μ子在原子外能够生存较长时间，并可能观察到μ子转化成2个或3个X射线光量子的韧致辐射。这些现象都与基本粒子和光量子模型有关。

2.9 共价键与离子键结构

元素周期率是自然界的一条极其重要的规律，它的发现初步揭示了组成物质世界一切元素内在的统一性。当1868年前后化学家门捷列夫发现周期率时，人们对原子的构造还没有多少认识。在原子的有核结构被发现后，1913年莫斯莱从X射线的连续光谱中发现，元素的排列更确切地是按原子序数，即电荷数顺序，于是就进一步把周期率与原子结构联系了起来。

在玻尔-索末菲的原子模型中，电子的运动是用经典力学轨道来形象描述的。在对原子结构研究的量子理论发展以后，按照量子理论，人们一般认为，原子核是由质子和中子通过“核力”结合在一起的，并从物质具有波粒两象性的波函数的概念出发，描述了电子在原子中的层壳分布。电子的量子状态是由主量子数n、轨道量子数L、磁量子数m、自旋量子数m_s所确定的，根据泡利不相容原理：原子中不可能有2个或2个以上的电子处于完全相同的状态。即是说，在1个原子中，从量子数来看，找不出4个量子数n,L,m,m_s完全相同的电子。

不容置疑，在现代的原于模型中，我们已经能够在纯理性的观点上把握自然界的和谐与秩序，但是，如果我们暂时离开数学语言，去深究和理解原子中的质子、中子、电子与热辐射的关系时，除了电子的轨道跃迁可以用各种数学语言描述外，对其他“力”的相互作用关系的理解，仍然没有获得很大进展。比如，原子核中的质子和中子是怎样通过“核力”密集堆积在一起的呢？如果没有第一推动力，电子又是怎样在电的向心引力作用下，绕原子核做惯性运动呢？此外，在对化学键结合力的描述上也都有些模糊的认识。因此，有理由说，人们对于现代的原子结构模型的大部分观念还是建立在数学概念上的简单图像，虽然，包括一些专家也经常把数学概念与物理学概念混同在一起，但是，一旦深究这些混同概念的逻辑时，却又经常使我们陷入最简单原理上的矛盾中。

所有对物质结构的知识都表明，原子是各向异性的。对化学键结构的分析也表明，原子间的结合力是由最外层电子的交换而引起的。按照我们所确定的原子核模型，它还是小太阳系的模型，原子的中心核是由比电子还小几千万倍的更小的物质旋涡体集合在一起组成的椭球体，它带正电性；同时，在原子的内层空间，还有大量带分数电荷的物质微粒（夸克），它们的质量也比电子小很多，这些物质大部分分布在原子的小黄道面附近，围绕原子核做旋涡运动。这些带分数电荷的物质微粒的荷质比基本上等于电子的荷质比，在距核很近的地方，它们的绕转速度已接近光速。但是，这些物质除了为吸收或按平均统计速度 c 被抛射提供热的反冲力之外，并不能被我们的仪器所直接观测到，这些物质只是作为电磁场载体而存在。因为人类作为宇宙物质一定阶梯层次上的存在物，只能在一定时空界限上直接观察到比电子大、比河外星云小的物质“微粒”。也就是说，我们追寻恒星巨大轨道的浩瀚和用电子显微镜探察原子奇异的细小，都同样是有界限的。

在自由空间中，一个带正电性的原子中心核要吸引带负电性的物质微粒，即向原子中心核运动的物质微粒被原子中心核“反射”后，必然与“入射”粒子发生干涉，而在 $n\lambda(n=1,2,3\cdots)$ 的距离上形成驻波的奇点，在相邻原子所形成的驻波能量的分界线上，必定有一部分物质处在向心力互相抵消的区域，而沿某一方向被抛射，形成反冲力作用的化学键，使物质向相反方向聚集，形成以整数个电子绕各自原子核做椭圆的圆周运动的层壳结构的封闭壳。这些核外电子不应该按任意角度和自旋取向分布，在这许多杂乱交叉轨道的冲撞中，我们找不到协调一致性的理由。科学的理论的辩护要从它的美学价值上去寻找，科学方法的辩护要借助它的美学价值去获得。于是，我们采用对称性原理的两个标准原则去研究原子的结构。

第一个是弗兰西斯·培根的标准：一切出色的美都是奇异的组

合比例。

第二个标准是对培根标准的补充，这个标准是由海森堡表述的：美是各部分之间以及各部分与整体之间恰到好处的协调一致性。

因此，我们认为原子外围的电子都是在与原子小黄道面交角不大的平面上绕原子逆向公转的。在力学中我们知道，在其有旋转对称的有心力场中，角动量守恒。即原子形成驻波决定了角动量的量子化。因此，电子具有按统计平均值的角动量确定值状态。量子力学首先在原子束通过非均匀磁场中的偏转实验，确定了电子总角动量 L 只能取一系列分立值，即

$$L = \sqrt{l(l+1)}\,\frac{h}{2\pi} \tag{2-111}$$

根据公式(2-111)，L 在某确定方向的射影 L_z 也只能具有一系列分立值，因而原子的磁矩的射影为

$$M_z = m\mu_1 \tag{2-112}$$

$$L_z = m\,\frac{h}{2\pi} \tag{2-113}$$

式中，m 是磁量子数，μ_1 是玻尔磁子。

事实上，电子的角动量在选定坐标 x、y、z 方向上的射影 L_x、L_y、L_z 总是使原子核处于角动量正与负变化的动态守恒。或者说，自旋量子数 m_s 总是可能用 $\frac{1}{2}$ 和 $-\frac{1}{2}$ 两个对立的数值来描述。同样，电子的磁矩 M 在垂直于原子小黄道面方向形成的涡旋磁场 M_z 向上、向下抛射物质所造成的反冲力也总是对称的。泡利不相容原理以电子的“自旋”描述了这种对称性。当然，在这里，“自旋”的含义与我们所指出的自旋不同。

我们对原子中电子轨道的分布作了适当的改动，这并不影响讨论化学键结构的关系。下面给出原子形成分子时的共价键结构模型。

图 1-4 中表明，共价键有 2 种选择方式：

1)两个原子在小黄道平面上以同向自旋互相靠近时，使在原子

小黄道面最外层逆向公转的电子被卡在中间，形成在小黄道面“上层”或“下层”的共价键。其余电子则处于高频振动态。

2）两个以反向自旋的原子，在小黄道面上靠近，由于绕转电子反冲力矩的作用，使具有相同电性的两个原子克服了电的排斥力，取反向自旋在小黄道边缘上下叠合形成共价键，剩余电子均分布在键后呈振动态并提供反冲力矩。这种共价键不容忽略。因为，在高温、高压、高速条件下，分子的这种结合方式是固体共价键晶体或金属晶体的主要形式。后面我们要谈到具有所谓杂化轨道碳原子的甲烷型共价键，就是典型的例子。

下面以同向自旋分子的共价键为例，来计算双原子分子的结合能。

氢分子在 K 层壳（$K_{上}$ 或 $K_{下}$）形成 2 个共价键。碳分子在 $L_{上}$ 或 $L_{上}$ 下层壳形成 2 个共价键。而氮分子却在 $L_{上}$ 或 $L_{下}$ 层壳形成 4 个共价键。氧分子在 $L_{上}$ 或 $L_{下}$ 层壳形成 2 个或 3 个共价键。氯分子由于外层电子太多而互相排斥，只能在 $L_{上}$ 或 $L_{下}$ 层壳形成 1 个或 2 个共价键。

通过前面对氢分子共价键结合能的计算，我们求出了电离能量比 J 是普适常数。于是，根据式(2-96)，共价键结合能 $\Delta\varepsilon$ 与电离能之比为

$$\Delta\varepsilon = 0.1666eU \tag{2-114}$$

1 mol 分子的分子结合能为：

$$E = 0.166 \cdot n \cdot F \cdot U \tag{2-115}$$

式中，n 是分子平均共价键个数，F 是法拉第电解常数，U 是分子的电离电位。

$$F = e \cdot N_0 = 9.6484 \times 10^4 (\text{C/mol}) \tag{2-116}$$

式中，N_0 是阿伏伽德罗常数，即有

$$E = 16016.344 \cdot n \cdot U(\text{J/mol}) \tag{2-117}$$

碳分子、氮分子、氧分子和氯分子的第一电离电位分别是：

$$U_{C_2} = 11.260\ \text{V} \qquad U_{N_2} = 14.540\ \text{V}$$

$$U_{O_2} = 13.618\ \text{V} \qquad U_{Cl_2} = 13\ \text{V}$$

将以上各值代入式(2-117)中,并适当地选择共价键个数 n,有双原子分子的共价键结合能分别为:

$$E_{C_2} = 16016.344 \times 11.260 \times 2 = 360688.07(J/mol)$$

$$E_{N_2} = 16016.344 \times 14.540 \times 4 = 931510.57(J/mol)$$

$$E_{O_2} = 1616.344 \times 13.618 \times 2.28 = 497292.11(J/mol)$$

$$E_{Cl_2} = 16016.344 \times 13 \times 1.165 = 242567.53(J/mol)$$

为什么会出现氧的平均共价键数为 $n = 2.28$,氯为 $n = 1.165$ 的非整数情况呢?

观察表明,在任何化学反应中都有光量子的辐射或吸收,并且所有的热辐射都是中性的,这表明物质在化学反应中的质量亏损或盈余总是正、负电性的物质保持平衡。所以,对大数目的分子或原子来说,它们轨道外围的电子数只是一个统计平均值。例如,绝大部分氢原子都有 1 个电子在外围轨道上绕转,使它们显微弱正电性。但是,也有极少量氢原子核外有 2 个电子而显负电性。作为大数目氢分子组成的热力学系统,它在总体上电性是处于动态平衡的。就是说,将分子结合能计算在内,氢原子的外围轨道统计平均电子数略大于 1。此外,在大数目的氢分子中还有 2 个氢原子处于相反自旋共价键态的仲氢,这个问题将在后面讨论。

了解了共价键的结构就不难对分子离子键作出解释。实际上,分子离子键与共价键的差别仅是双原子的电性不同而已。例如,当活动金属原子与活动非金属原子取自旋相同在小黄道面相遇时,和同类双原子的分子共价键一样,与两个原子自旋相反的电子被卡在两原子的中间。因为金属原子键能小,容易失去电子成为正离子,而活动非金属原子键能大,容易得到电子而成负离子。阴、阳离子之间通过电子交换结合成固态离子化合物晶体。例如,氯化钠、金属氧化物晶体皆属此类晶体。

当两原子取反向自旋在原子的小黄道边缘上下叠合时,所有核最外围电子都分布在键后呈现振动态。比如水分子 H_2O 就是这样一种分子。两个氢原子绕氧原子转动,在垂直黄道方向上键角为 104° 左右,对于这种具有方向性的化学键,所谓共价键或离子键的显著区别实质上已不存在。区别仅仅是在分子外形上，有的呈平伏结构，有的是立体结构。

在对化学键结构进行了重新考虑之后，如何进一步理解周期率呢？

显然，原子在最外层轨道上的电子是作为原子体积"整数封闭"而存在的。所以，无须改变周期率中各元素的总电荷数和各外层壳的电子数。至于原子的磁性可能比较复杂，因为其不但与原子中各层壳的电子自旋有关，而且与原子中心核的性质有关，即与核沿垂直小黄道面方向抛射"磁微子"的能力有关。例如，质子和中子的磁矩和狄拉克理论完全不符。在狄拉克理论中，中性粒子(中子)根本不应该有磁矩。但事实上，中子却有一个与"自旋"方向相反的磁矩。又比如，许多逆磁类原子都有被外磁场排斥的倾向。

从大的时空界限上看，应该从原子在时间与空间中的生存演化的观点，去说明各种元素原子都不是一成不变的。例如，在周期率的第二周期中，惰性气体氖可能是年轻的原子，它正处在演化初期。随着时间的推移以及整个太阳系空间引力势能的减小，氖元素原子将通过过渡性同位素逐渐演化成氟、氧、氮、碳、硼、铍和锂。元素锂是衰老的原子，它正大量散失自己的引力质量，具有较大的原子半径和很小的物质旋涡轨道速度，所以近似呈圆球形。随着锂原子引力势能的减小，它将最终死亡，分散成更细小的物质微粒。从对不同地质年代化学元素同位素含量变化的分析中，似乎可以看出原子演化的迹象。

原子在空间中自然衰变导致引力质量的散失，这是物质世界生老病死的普遍规律。原子的引力势能与周围环境的引力势能相差越大，它散失质量就越快，其衰变速度也越快。比如，在地表引力势能很小的空间，许多超重元素原子都很快按周期律中原子序数减小的方向衰变。

自然界中的许多现象都可以看做是一种对称性或平衡性的表现。如果物质世界失去了左与右、上与下、奇与偶等对称性，那么，各种元素结晶体丰富多彩的生命形式将不会存在。

2.10 氢分子的电子态和热容计算

下面对氢分子中的电子态进行计算。按哈密顿算符：

$$\hat{H}=-\frac{\hbar^2}{2m_e}(\nabla_1^2+\nabla_2^2)-\frac{e^2}{r_{a1}}-\frac{e^2}{r_{b1}}-\frac{e^2}{r_{a2}}-\frac{e^2}{r_{b2}}+\frac{e^2}{r_{12}}+\frac{e^2}{R}$$

这类问题从薛定谔方程求解是根本不可能的。下面我们从分析力学的角度来进行计算。

从图 2-6 中可知，由 2 个电子组成的共价键氢分子，其键长约为 0.742×10^{-10} m 左右。假定，在温度接近绝对零度时，氢原子在小黄道面上近似收缩成 2 个圆。这时，2 个氢原子之间的耦合电子相对各自原子中心核的轨道半径为 $a_0=0.4389\times10^{-10}$ m。随着温度上升，氢分子得到质量，使氢原子变成椭圆而发生不对称的振动。在 $T_1=31564.20992$ K 时，共价键的耦合电子被拉开至最大距离，这时电子的轨道半径为 $a=0.4887\times10^{-10}$ m。随后，氢分子的共价键被电离共振破坏，成为 2 个处于稳态的氢原子。这时电子绕核的轨道半径是玻尔半径 $a_1=0.52917715\times10^{-10}$ m。

在一定过程中，当热力学系统温度升高(或降低)1 ℃时吸收(或放出)的热量，称为该系统在给定过程中的热容。在等容过程中，系统不对外做功，因而从外界吸收的热量全部用于增大自身内能，即有等容热容量 c_V：

$$c_V=\frac{\partial E}{\partial T}$$

在氢分子中有 2 个热源电子，在分子未被电离情况下，从温度 $T_0\approx 0$ K升到 $T=T_1=31564.20992$ K 时，电子的势能变化为 $\Delta\varepsilon_0$。即当 $a_0=0.4389\times10^{-10}$ m，$T_0\approx0$ K 时，对应电子的势能是

$$\varepsilon_0=\frac{e^2}{4\pi\varepsilon_0 a_0}=5.2560579\times10^{-18}\ \text{J} \tag{2-118}$$

当 $T=T_1$ 时，$a=0.4887\times10^{-10}$m，对应电子的势能为

$$\varepsilon=\frac{e^2}{4\pi\varepsilon_0 a}=4.7207809\times10^{-18}\ \text{J} \tag{2-119}$$

$$-\Delta\varepsilon=\varepsilon-\varepsilon_0$$

即有 2 个热源电子总势能变化为

$$E = 2\Delta\varepsilon = 1.070554 \times 10^{-18}\ \text{J} \tag{2-120}$$

将 E 值和 $T_1 = 31564.20992\text{K}$ 均分后，有 1 个氢分子的等容热容 c_{V_1} 为

$$c_{V_1} = \frac{\partial E}{\partial T} = \frac{1.070554 \times 10^{-18}}{31564.20992} = 3.3916705 \times 10^{-23}\,(\text{J/K}) \tag{2-121}$$

氢分子的等容热容 c_V 为

$$\begin{aligned} c_V &= c_{V_1} \cdot N_0 = 3.3916705 \times 10^{-23} \times 6.02204 \times 10^{23} \\ &= 20.42477548[\text{J/(mol} \cdot \text{K)}] \end{aligned} \tag{2-122}$$

上面算出的 c_V 值正是在 20 ℃ 和 1 个大气压条件下，实验测得的氢分子的等容热容值。而经典热力学的能量按自由度均分定理得出的双原子分子的理论值是 $c_V = 20.82\ \text{J/mol} \cdot \text{K}$。

虽然，在我们的计算中 a_0 值与 a 值都是试算出的，但是从所有理论常数的相关性上看，这种计算氢分子电子态的分析力学方法是合理的。

事实上，能量是按分子或原子的速度坐标自由度均分的。比如，1 个单粒子有 3 个自由度，1 个双粒子有 5 个自由度，等等。从分子运动论的角度看，这对简单粒子是近似正确的，但是对多原子或多电子的分子来说，这种简单的图形并不存在。因为，不同物质的分子或原子中的各种化学键结合能不同，核的性质及核外电子分布状态不同，所以往往其热容差别很大。

对氢分子来说，在不同压强或温度下，其热容也有差别。在不考虑这些差别时，前面的计算只是采用了总体上线性均分的计算方法。实验表明，氢分子在 273K 以上的等容热容基本保持不变，为 $c_V = 20.425\ \text{J/(mol} \cdot \text{K)}$ 左右。但是，在低温条件下，由于仲氢数量相对增加，使氢分子的 c_V 值逐渐接近单原子的 c_V 值。大家知道，氢分子可以以正氢和仲氢两种形式存在，这两种氢的不同点在于两个质子的核磁矩方向。在正氢中两个磁矩方向相同，而在仲氢中则方向相反。这也正是我们给出的两种自旋取向不同的共价键形式。特别是

在氢分子液态转变点附近的温度下，仲氢含量迅速增加，使得比热随温度下降而迅速减小。

由表 2-1 可知，当温度降至 60 K 以后，氢分子的 c_V 值基本上保持不变。因此，研究氢分子在超低温时液态的分子自旋状态，是十分重要的。

表 2-1　氢分子宫 c_V 变化值

温度/K	c_V/[J/(mol·K)]
196.5	18.35
100	14.30
80	13.13
60	12.50
45	12.54
35	12.46

以氢分子的等容热容量作标准，可以对任何多原子或多电子的分子热容进行计算，不过这时必须确定这些分子或原子等效热源的数目 i，即有：

$$c_V = 10.21238774 \cdot i \ [\mathrm{J/(mol \cdot K)}] \qquad (2\text{-}123)$$

例如，水分子包括分子中所有化学键的相互作用，它的等效热源数目为 $i = 7.375$ 个，即水分子的等容热容为

$$c_V = 10.21238774 \cdot i = 75.32 \ \mathrm{J/(mol \cdot K)}$$

而等压热容 c_p，是在等压过程系统除了吸收热量增加内能之外，还对外界做功。

由于所有气体的体膨胀系数都近似等于$\frac{1}{273}$，所以，气体的等压热容为

$$c_p \approx c_V + R \qquad (2\text{-}124)$$

式中，R 是普适气体常数，$R = 8.31441 \ \mathrm{J/(mol \cdot K)}$。

例如，在表 2-2 中列出的几种气体的热容的实验值就说明了 c_V 与 c_p 的关系。

表 2-2　气体 c_V 与 c_p 实验值

热容量 / 气体种类	气体名称	c_V/[J/(mol·K)]	c_p/[J/(mol·K)]
单原子分子气体	氦	12.46	20.78
	氩	12.46	20.78
双原子分子气体	氢	20.40	28.72
	氮	20.73	29.05
	氧	21.03	29.39
	氯	25.71	34.65
多原子分子气体	氨	27.80	36.78
	二氧化碳	28.42	36.91
	二氧化硫	31.35	40.34
	乙烷	43.05	51.62

2.11　温度和热量与气体状态变化过程

物体任何状态的变化首先表现在它的热量变化上。物体在高速运动中外抛物质的质量亏损可以使周围环境温度升高，物体由高速运动变为低速运动时吸收质量盈余又可能使环境温度下降，等等。总之，热量总是和系统与周围环境进行物质交换的质量变化相互联系。例如，剧烈的搅拌可以使水的温度升高，也可以用煤气炉将水加热。实际上，这两种加热的方式具有本质上相同的特征。搅拌的物体在与水分子相互摩擦时发生质量亏损，水分子在高速运动中同样有质量亏损。只要是不停地搅拌，在热力学系统中水分子就会不断地输出热量。人们一般对搅拌物体的质量亏损并不注意，但是，滴水穿石的现象是大家所熟知的。同样，电子团的运动、光量子的运动以及电磁场物质波的运动，都是质量以热量迁移的形式。当然，这又与电源系统的化学反应、发电机炭刷和集电环磨损等质量亏损的现象联系在一起。在这里所说的质量亏损，是指分子结合能的改变所导致 $c^2\Delta m$ 的变化。这一切事实都导致了能量守恒定律最重要的自然规律。

利用温度计不仅可以确定热平衡是否存在，而且可以判断系统内能的变化状态。选择气态氢作为温度计标准测温物质，是由于气体的压强 p 是判断温度的标志，当氢气所占体积不变时，物体的温度与此温度下氢的压强 p 成正比。因此，可按下述方式选择温标：测量氢在 0 ℃ 与 100 ℃ 的压强 p_0 和 p_{100}，并在图 2-8 中将这两点表示出来；通过这两点连一直线，就可得到摄氏温标。这条直线的方程式为：

$$T = \frac{p - p_0}{p_{100} - p_0} \times 100 \tag{2-125}$$

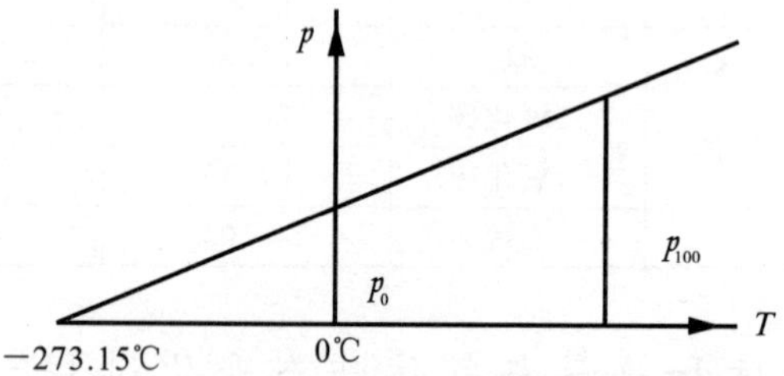

图 2-8　摄氏温标

这根直线与 T 轴在温度为 −273.15 ℃ 的一点相交，这就是绝对零度。因此，以氢气为标准的温度计是我们讨论问题的基础。但是，仅仅用温度计和测温物质去研究问题还是不全面的。在很多情况下还必须规定热力学系统的空间尺度"定标"和热量传播时间尺度"定标"，往往这些都与最小作用量和温度计观测精度相关。

例如，我们研究系统在热平衡状态下，只要使系统的温度保持不变，则氢气的压强 p 与体积 V 和温度 T 之间便存在下述关系：

$$V = R\frac{T}{p} \tag{2-126}$$

图 2-9 (a) 中实验装置直观地说明了这一定律。实验装置是以一个上端封闭的玻璃泡 V 与一支 U 形管流体压强计 M 连接。根据充满水银的压强计两侧的液面差和气体高度，可以读出压强 p。玻璃泡中有一定量的气体，将玻璃泡用一个充满液体的槽 A 罩起来，维持液槽温度 T 保持不变。

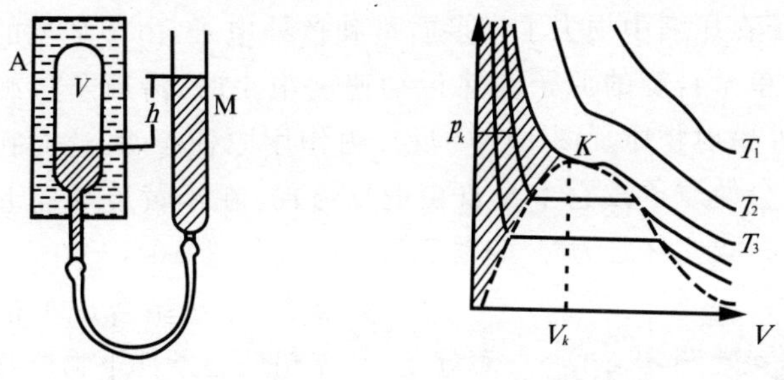

（a）　　　　　　（b）

图 2-9　气体的等温测量

假如方程(2-126)也适用于较低的温度，则等温线就是一组等轴的双曲线。现在用一种冷冻剂作为液槽中的液体，并同时增高玻璃泡中的压强，这时气体体积将不断缩小，在压强达到某一数值时，压管中水银弯月面上开始出现液化气体。继续增大压强，最后空间将全被液体充满。典型的实测曲线被表示在图 2-9(b)中。

指出上述温度计和测温物质的时空特征并非没有必要。首先，热力学系统不断从动态振动压强 p 的摩擦耗散力中获得亏损质量 Δm，并把它变成热量，辐射出去。随着 p 增高，系统的本振频率增大，将更多的亏损质量变成热能。在平衡状态下，压强 p 越大，气体分子半径便愈小，分子内能变化使其热运动速度增大。因此，从理论上讲，要保持系统温度 T 严格不变，液槽中的冷冻剂体积应该无限大，达到热平衡的时间 t 应该是无限长。当然，由于温度计达不到这样高的分辨率，所以，实验曲线总会偏离理论上的双曲线。

但是，问题还不是这么简单。在实测曲线图 2-9(b)中各等温线拐点上，是氢分子中两原子由自旋相同（正氢）转变成自旋相反（仲氢）的共价键的临界点。虽然这种转变早在临界点之前的温度就已经开始了，但是由于仲氢与正氢分子数比例变化非常缓慢而不易被确定。

事实上，在超低温条件下，无论是单原子分子气体（比如氦），还是多原子分子气体，很多原子轨道外围根本没有绕转电子而成空白。分子在压缩中损失了许多质量和核外电子，由于环境的温度又很低，使单个自旋的原子在热运动速度很小时，沿原子自旋的切线方向向外抛射物质。图1-1中反冲力作用原理表明，这时在反冲力作用下，会使原子按它本身自旋的反方向，在小黄道平面上做高速整体运动，我们称之为“反自旋态”原子（见图2-10）。

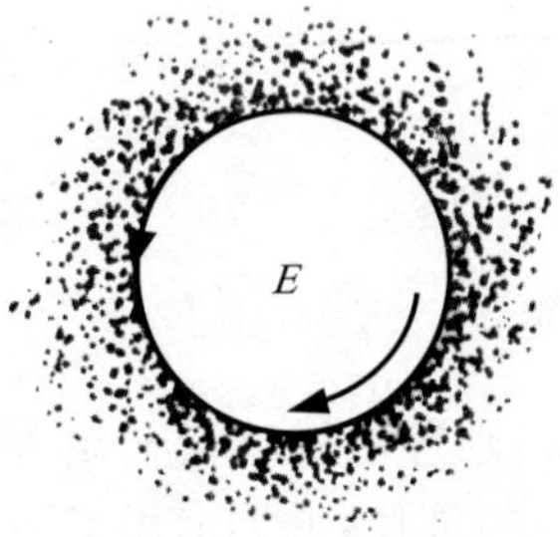

图 2-10 **“反处旋态”原子**

“反自旋态”原子结合成不稳定的液态分子，是在超低温条件下物质存在的主要形式。由于原子外抛物质的瞬时速度要与它反向转动速度以矢量相加，致使原子外抛物质的合成速度很小（相对惯性系），这时原子虽然带有很强的正电性，但电场无法释放。因为原子带正电性，侵入物质缺乏，它们又不能像光量子那样结合有足够大的反冲推力而“远走高飞”，从而表现出种种奇异的性质。

特别是处在“反自旋态”的氦原子，它们成群结伙地到处寻找依附物，而成为超流体和声波传播速度很低的量子液体。另一方面，处在超低温氦液中的所有固体一般都显负电性，这些氦原子迅速与物体表面形成“游离化学键”，这时氦原子立刻停止了高速反向转动，并释放正电场。在键反冲力推动下，使氦原子取单向自旋沿物体表面爬动。氦膜爬动这种奇怪的现象是1951年由卡美林·奥涅斯首先在试验中发现的。凡是部分侵入氦液中的容器，在1 K时都会有氦自动注入其中，直到容器内外的液面等高为止。

当在氦液中放置一个闭合通电导体时，由于氦原子沿导体表面逆正电流方向爬动，其“游离化学键”所释放的正电场足以使导体维持超导态。

超导体的逆磁现象也特别有趣。在超导温度下，具有“反自旋态”的“磁微子”也会在导体附近很小的空间范围逆电力线爬动，造成磁力线被排斥在导体之外这一特别的逆磁现象。

图 2-11 所示为阿尔卡迪夫的试验装置，通过它可以得到对超导体抗磁性的极为深刻的印象。在一个浅平的锡碗中，放入一个体积很小但磁性很强的永久磁铁。然后抽出氦浴蒸气，使温度降低到锡出现超导电为止。如果出现了超导电，这块磁铁就会马上离开金属的锡碗表面升起来，而与锡碗保持一定距离悬空不动。这种现象实际上是由于在超导温度时，锡碗突然对空间显负电性，使“磁微子”逆电力线爬动，于是，磁力线在锡碗上方形成闭合磁路，磁力线被排斥出锡碗，造成磁铁上、下磁力线分布的不对称。闭合磁路阻塞了物质从磁铁下方侵入，在磁铁上方侵入物质相对加强时，据反冲力作用原理，磁铁因受力离开锡碗并与重力保持平衡而悬空。在后面我们还要专门研究在常温状态下，“磁微子”本身也具有的“反自旋态”，它逆电力线爬动正是造成通电导体或运动带电粒子受洛仑兹力的根本原因。多年前，高温超导材料的研究一时成为改变工业材料的希望，而今，似乎人们已经看到所谓超导并非如此之超。总之，在超低温环境下，物质的许多热力学特征都与上述“反自旋态”原子的特有的性质有关。由于这种原子的正电场难以释放，因而这种质量聚集的现象是一种潜在的热能，这使得超低温环境中的物质又显得格外活泼。

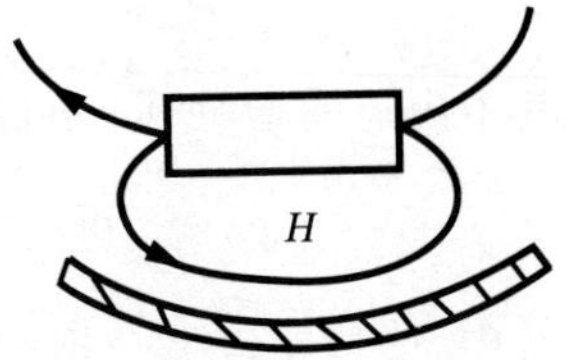

图 2-11 超导体成为逆磁体

当物质处于激发电位高于第一电离电位的热力学状态时，我们称之为等离子体。处于等离子态的原子开始显现出相对论效应的质量亏损。等离子体不仅表现在高温过程，在焦耳-汤姆孙效应中也同样存在某些低温等离子体的性质。

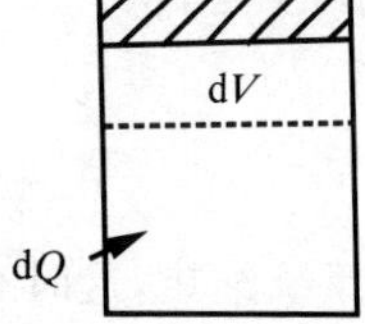

图 2-12 第一定律示意图

为了说明这种过程，我们设想气体是处在一个密封的圆筒中，筒上端由一个活塞封住(见图 2-12)。如果活塞自重产生的压强是 p，向圆筒中输入热量 dQ 而使活塞向上移动 dV，则在此情形下热力学第一定律可以写成：

$$dQ = dU + p dV \tag{2-127}$$

其中内能的增量 dU 可以由下式表示：

$$dU = \left(\frac{\partial U}{\partial T}\right)_V dT + \left(\frac{\partial U}{\partial V}\right)_T dV \tag{2-128}$$

其中，等号左边第一项相当于在等容过程中的增量，第二项相当于等温过程中的增量。对于一个等体积的状态变化，亦即当体积 V 不变（$dV = 0$）时，内能的增量可按方程(2-128)写成：

$$dU = \left(\frac{\partial U}{\partial T}\right)_V dT \tag{2-129}$$

在这种情况下，第一定律可简化为

$$dQ = \left(\frac{\partial U}{\partial T}\right)_V dT \tag{2-130}$$

参量$\left(\frac{\partial U}{\partial T}\right)_V$ 称为等容热容，对于 1 mol 分子用 c_V 表示。

对于等压的状态变化，亦即当压强 p 不变（$dp = 0$）时，则可按式(2-130)将第一定律写成：

$$dQ = c_V dT + p dV \tag{2-131}$$

如果将理想气体状态方程(2-126)微分，有

$$p dV + V dp = R dT \tag{2-132}$$

当 $dp = 0$ 时，得出等压关系式：

$$dQ = c_V dT + R dT = (c_V + R) dT \tag{2-133}$$

参量 $\left(\frac{\partial Q}{\partial T}\right)_p$ 是等压热容，对 1 mol 分子用 c_p 表示。于是，从式(2-133)中将得到一个重要关系式：

$$c_p = c_V + R \tag{2-134}$$

如果令方程(2-131)中 $dQ = 0$，就是说使系统绝热，这时有

$$-dT = \frac{p}{c_V} dV \tag{2-135}$$

由此式关系可知，当气体在 dt 时间突然膨胀时，其温度会降低。这表明在此我们描述的是热力学系统在时间中的瞬态过程。因为，理想气体（$pV = RT$）在膨胀后达到温度平衡态时并不显现出温度的

变化。

在焦耳-汤姆孙效应中，当气体由较大压强 p_1 的空间，经过细孔迁移到较小压强 p_2 的空间时，一方面由于气体的突然膨胀使环境温度降低，另一方面因为气体通过小孔时其流速骤增，必然表现出瞬态等离子体相对论性质量亏损，即放出热量使环境温度在局部空间中升高。因此，在焦耳-汤姆孙效应中，通过前、后压强不同的细孔迁移的气体不是变冷就是变热。当上述相对论效应产生的质量亏损大于气体突然膨胀时吸收的质量时，气体变热；反之气体变冷。

对质量不同的气体分子，焦耳-汤姆孙效应的反转点不同。例如，分子量较小的氢和氦其反转点温度很低，而分子量较大的氧和氮的反转点温度在室温以上。这使我们感到，只有考虑到温度计与测温物质的时间、空间性质和相对论效应，才能对气体状态的变化过程作出正确描述。

在高温的等离子体中，随着原子热运动速度不断增大，电离后的原子半径不断收缩，这些原子沿局部空间电流的感应磁场方向做螺旋运动，等离子体收缩成温度极高的不稳定圆柱形。当在几千电子伏特高压产生的高温时，等离子体主要是由交换电子辐射从红外到紫外波段的电磁波。连续谱的情形也是随温度升高，其发射强度极大值向短波方向移动。由于原子的无规则热运动造成的多普勒效应或斯塔克效应，使光谱线变宽。

当温度再升高，由于巨大的质量亏损，使等离子体的原子几乎失去了全部的核外电子成为光秃的原子核，这时可能达到核聚变的温度（几亿摄氏度），剧烈的核碰撞使原子核成为碎片，并释放出大量核能。这是气体分子状态变化的极限温度。

气体状态变化过程是复杂的。对未被电离的气体分子来说，一般的情况是：当环境温度不变时，气体的压强愈小则它的分子半径越大，压强愈大则分子半径越小；当压强不变时，气体所处环境温度愈高，它的分子半径愈大，且热运动速度越大。对于低温或高温等离子体，气体原子运动速度愈大，它的相对论质量亏损越大。此外，在不同情况下，气体分子在局部时间与空间中状态变化的瞬态过程也极为复杂，因此，在对温度计和热力学体积“定标”的原则上，正确地描述气体分子或原子的质量变化是讨论热力学现象的基础。

2.12 物质的状态函数——熵

对于近代物理学来说，时间和空间与熵是密切相关的课题。在19世纪，有一个关于可逆的热力学过程的重要发现，就是物体具有内能的同时，还具有一个突出的状态函数——熵。热力学第二定律通常表述为：在孤立系统中所发生的一切实际过程，总是使整个系统的熵值增大。亦称之为熵增加原理。

像内能一样，确定熵也可以精确到任一常数。如果在温度 T 时，物体或系统从一个状态变化到另一状态的无限小的过程吸收的热量是 ΔQ，那么，就有 $\frac{\Delta Q}{T}$ 是某一函数 S 的全微分，这个函数就是熵。它的表示式为

$$\mathrm{d}S = \frac{\Delta Q}{T} \tag{2-136}$$

如果上述过程是沿可逆过程进行的，则 $\mathrm{d}S$ 就是熵的变化值。若是沿不可逆过程进行的，则系统熵值的变化为

$$\mathrm{d}S > \frac{\Delta Q}{T} \tag{2-137}$$

上面两式中，T 为热源温度，ΔQ 为系统在此过程中从热源吸收的热量。由(2-137)式可见，如果系统是孤立的，$\Delta Q=0$，则 $\mathrm{d}S>0$。这表示，一个孤立系统所发生的任何不可逆过程，总是使熵增加。系统的熵达到最大值，相应系统达到热平衡态。另外，由于熵值越大，表明系统内粒子热运动越无序，因此，可以把熵值看做是热力学系统无序程度的度量。

1867 年，克劳修斯把热力学第二定律推广到整个宇宙，提出所谓“热寂说”。认为“宇宙的能永远守恒，宇宙越是接近这个熵的极大状态，进一步变化的能力就越小，如果完全达到了这个状态，那就任何进一步的变化都不会发生了，这时宇宙就会进入一个死寂的永恒状态。”

“热寂说”的主要错误在于，它把在局部时间与空间的科学规律无根据外推，以致把宇宙看成是一个孤立系统。恩格斯在《自然辩证法》一书中指出：“放射到太空中去的热一定有可能通过某种途径(指明这一途径，将是以后自然科学的课题)转变成为另一种形式，在这种运动形式中，它能够重新集结和活动起来。因此，阻碍已死的太阳重新转化为炽热的星云的主要困难便消失了。”

热力学第二定律的熵增加原理表述了在一切热力学系统中，与热现象有关的过程的不可逆性的客观规律——走向死亡的法则。比如在太阳系中，不管一切可逆过程变化怎样频繁，如在它生命期内在局部时间与空间温度的降低，物质的重新凝聚，生物体的繁衍和进化……但是所有可逆过程的变化都是叠加在不可逆过程变化之上的。最终，由于热排斥运动的平衡，整个太阳系将在物质质点的无序运动中走向死亡。

然而，宇宙物质又是怎样将物体之间的排斥运动转化为吸引运动的呢？反冲力作用原理指出，对在同一个环境中，宇宙中不同层次的物质微粒，它们的运动状态是根本不同的。在电场的物质交换中，高层次的“大”的旋涡体可以表现为受“排斥”的反冲“吸引”运动。相反，低层次的“小”的物质微粒却受到真空巨大阻力。因此在这里，排斥与吸引的对立不是绝对的，而是必然转化的。这种转化的过程就是熵从增大到减小的热力学过程。

首先，我们来研究物质在超低温环境中所表现的种种奇异的现象具有哪些本质的特点。在热力学第三定律中，1906 年能斯特总结了低温化学反应中大量实验资料后得出：当温度趋于绝对零度时，一切化学均匀系统趋于一个极限值，这个极限可以取作零，而与系统的其他状态参量，如压强、密度等无关。这个结论在当时被称为能斯特热定理。这个定理在数学上可表示为

$$\lim_{T\to 0} S = S_0 = 0 \tag{2-138}$$

1912 年，能斯特根据他的定理推出一个原理：用任何方法都不能使系统达到绝对零度。这就是热力学第三定律。根据热力学第三定律还可以得出以下性质。

1)物质的热膨胀系数趋近于零,即

$$\lim_{T\to 0}\left(\frac{\partial V}{\partial T}\right)=0 \tag{2-139}$$

2)物质的定压热容 c_p 与定容热容的差值趋于零,有

$$\lim_{T\to 0}(c_p-c_V)=0 \tag{2-140}$$

3)物质的定压热容 c_p 和定容热容 c_V 本身也趋近于零,即

$$\lim_{T\to 0}c_p=\lim_{T\to 0}c_V=0 \tag{2-141}$$

在绝对零度下物质的内能真的会变为最小吗?从上一节讨论中我们知道,物质的原子在超低温环境中具有"反自旋态","反自旋态"物质聚集了大量潜在质量的热能。例如,在银河系的星场中,处在各大星团中央地带的"奇点"上,就有大量物质在超低温环境下的聚集。这些面积十分可观的星云,就是人们常说的"黑洞"。"黑洞"这个词是著名美国科学家约翰·维勒在1969年创造出来的。"黑洞"并不黑,而且它的面积还在不断扩大。著名的宇宙学家斯蒂芬·霍金指出了这一点。例如,我们发现在天鹅座X-1号星附近就不止包含着一个"黑洞"。

在超低温环境中,物质的搅动已经很小了,于是,在"黑洞"弥漫星云的中心逐渐聚集起了包含大量重物质的"胚核"。以后,在适当的激发条件下,例如,一对类似光量子结构的"夫妻"——左、右旋双粒子,旅行"结婚"路过此地,就会使原始的弥漫星云再一次发生左和右、新生命的大规模的物质热旋涡运动。在银河系的星场中,这种超新星爆发的事件是随时都在发生着的,有时它们是一个星,有时是左和右旋涡星的"双胞胎",有时甚至是一大群新星从星云中产生出来。苏联天文学家阿姆巴楚米杨认为:不但恒星的形成过程在银河系中现在还在继续,而且它们还在成批地从不稳定的"星协"中产生出来,并加入到银河系的星场之中。苏联天文学家费森可夫也指出:早期恒星是从旋转速度很快的,而且质量比现在恒星质量大很多的旋涡运动星云中产生出来,在新星形成过程中还伴随着大量物质的抛射……

冷的星云突然转变为炽热状态,它的熵减小了。当然,从超新

星爆发即刻起，它的熵又开始慢慢增大。

在原始星云左和右的旋涡运动中，重的物质凝聚在中心形成固态的星核，围绕着星核周围的是炽热的岩浆，碱性岩浆与酸性岩浆的对流，使星核在反冲力作用下开始向左或右转动。轻物质围绕在逐渐冷却下来的固体星壳周围，形成弥漫层大气。在物质的聚合反应中，早期恒星开始向左或右角动量占优势的自旋方向转动（与星核自转方向相反），反向旋转角动量逐渐受到阻尼……中央旋涡形成了恒星中心天体（如太阳），外围小旋涡凝聚成行星或卫星。总自旋角动量不为零的单向自旋的气体分子或液体分子，电场平面（E 平面）沿星球重力场方向排列，构成了星球所特有的磁场。在重力和星球磁场共同作用下，星球的固体外壳也开始了单向自转。

图 2-13 表示，地磁场并不是起源于地球内部，而是起源于地球外部空间。在地球的重力场中，从总体上看，绝大部分气体或液态分子的磁场 $\boldsymbol{H}$ 矢量都指向地理北极方向，构成了地球的基本磁场。图中表明，在地球大气下层地磁场强度 $\boldsymbol{H}$ 矢量指向地理北极，成为地磁场内辐射带。高层大气以外 $\boldsymbol{H}$ 矢量指向地理南极，构成外辐射带。因此，从外部空间看，地磁场是一个磁偶极子，在地表上看它又像是一个表象的磁单极子。磁力线受地球引力和地球自转离心力作用而发生偏斜，并从东、西两侧在地球的两极地区汇合而互相排斥，使磁力线伸入地表和伸向外层空间。

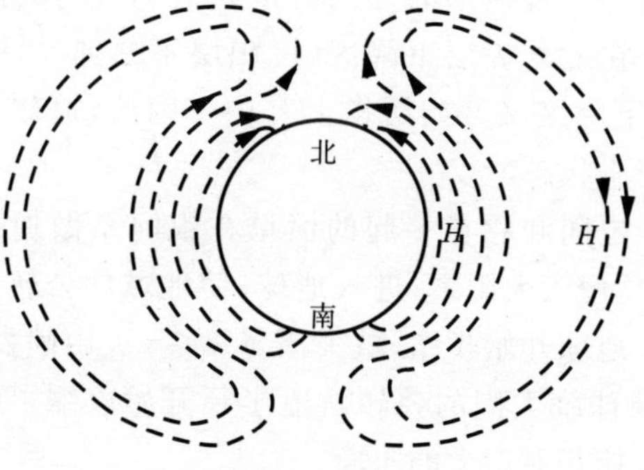

图 2-13　地磁场结构示意图

从本源上说，地磁场是地球“呼吸”与生命的象征。地磁场的这种结构特征是造成水平磁针在低纬度和中纬度指向的根本原因，即N极指向地理北极。而在地球的高纬极地区，地磁场 $\boldsymbol{H}$ 矢量的指向是十分混乱的，甚至经常发生磁针S极指向地理北极的现象。地磁场的这种结构特点，是造成全球气候变化的主要原因，也是极光和臭氧空洞产生的直接原因。

在重力作用下，地表层中所有具有单向自旋角动量的分子或原子，按重力方向向“右”做偏斜运动，从而推动了地球的固体外壳的单向转动。不管在局部地区空气中的分子运动怎样复杂，但是从总体上看，它们具有占绝对优势的“右”旋角动量。因此，是空气的流动和海水的潮汐所形成的大气环流与海洋环流，制约着地球外壳的自转速度。

在地球中心有一个固态的地心核，岩浆的对流使它沿与地壳自转的反方向缓慢转动。地心核的反向转动不但进一步控制了地球表面外壳的自转速度保持恒定，而且也是地球在几十亿年间发生内动力地质活动的原动力。由于地心核的南北偏心运动，使地球南北半球海陆分布不对称。考察起来，地球的固体外壳确实像一个外套，长期以来做着极为复杂的自转漂移。在北极的地层中能够发现遥远的始前期热带植物化石就说明了这一点。

从大的时间和空间尺度上看，地球表层和地心核仍在做极为缓慢的旋涡运动，同时，地球的外动力地质活动又与其内动力地质活动息息相关。在地球表层下降区，沉积层不断加厚，吸引地心核做偏心运动，使下降区又开始缓慢上升……因此，地球表面永远处于交替收缩和膨胀状态。

当太阳系连同和它在一起的恒星在银河系做加速运动的地质年代，大批流星侵入太阳系，进入地球，使地球的公转周期和自转周期明显加快。地球开始收缩，散失质量增多，火山喷发、地震接踵而来……这时地球绕太阳的公转轨道半径开始收缩，地球温度升高，是地球引力势能相对增大的阶段。

当太阳系在银河系中处于负加速运动的地质年代，侵入太阳系的流星物质减少了，使地球自转周期与公转周期减慢了，于是地球又开始膨胀形成了全球性的造山运动。由于地球公转轨道半径增大使地表温度下降，随之而来的是全球性大冰期的到来……这时地球是处于引力势能相对减小阶段。

从上所述千丝万缕的必然联系中，我们看到地球只是作为一个具有生命的粒子而存在的，它从物质的旋涡中产生出来，在宇宙物质永恒变化的循环中，除了矛盾变化和运动变化所依据的普遍规律之外，再也没有什么永久性的东西了……

再看看在太阳表面核反应超高温条件下所发生的物理现象。太阳表面的平均温度在 6000 K 左右，按公式 $E_T = \delta T^4$ 计算，每秒钟内太阳由于辐射而失去的质量等于

$$\Delta m = \frac{\Delta E}{c^2} \approx 4.4 \times 10^6 \text{ t}$$

尽管这一数字从地球的角度来看显得十分巨大，但是，与太阳总质量(2×10^{27} t) 相比，这一损失仍然是十分微小的。随着恒星的核反应逐渐减弱，恒星系统开始逐渐失去自我调节的能力，它的星核内部液态岩浆逐渐冷却、凝固。这时它又经历了一段漫长的晚年。当星核内部岩浆全部涸凝后，星体在自身引力作用下将越来越快地自转并分散解体。

虽然花了很多文字来说明太阳系演化的过程，但是我们还不能说明整个宇宙的物质状态函数——熵。因为宇宙是一个开放系统，它在时间与空间上是无限的，人类对宇宙的认识不能用孤立系统的物质状态函数——熵——来描述。写到这里，我又想起了斯蒂芬·霍金在他所著的《时间简史》中所讲的一个笑话：一位著名的科学家[有人说是英国哲学家罗素(1872—1970)]曾作过一次关于天文学的讲演。他讲解了地球如何环绕太阳运行，而太阳又如何绕银河系中心运行。演讲一结束，一位坐在后排的小老太婆站起来说："你刚才讲的都是胡说八道。世界实际上是驮在一只乌龟背上的一块平板。"那位科学家傲慢地一笑，然后回答说："那乌龟站在什么上面呢？""你倒挺机灵的，年青人，挺机灵的，"老太婆说，"可一路下去全

是乌龟!”

不知道我的看法是否高明。老太婆的乌龟支撑平面大地的理论之所以不能成为一个好的科学理论,是因为谁都知道,人们会从世界的边缘掉下去。当我们采用某种“宇宙图像”时,老太婆的无穷乌龟级数是一种理论,而我们的理论虽然比前者强一些,但是还缺乏证据。

2.13 结论

初看起来,关于光量子模型的假设几乎是荒唐的,但是,当我们在普遍的联系中去探索基本电磁场的性质时,又必然导致这种波粒两象性的物质模型。

场是物质存在的一种形式,真空也是物质存在的一种形式。这两种形式的主要特征在于,是粒子弥散于整个空间。因此,真空中的电磁场可以看成是一个由多粒子组成的力学系统,它具有拉格朗日函数,具有作用量等。因此,我们提出将这一系统量子化是合理的。所谓某一系统的量子化,就是将量子力学应用于该系统。在玻尔经典量子论中,电子轨道半径的量子化与电子角动量的量子化是统一的。按照玻尔理论,电子的轨道半径在原子中可以达到无限大,并且电子具有负能级。如果原子要辐射电磁波,其自身能量将不断变小,相应电子轨道半径也要变小,最后原子中电子轨道半径收缩将使它具有愈来愈高的负能级而掉入核中。因此,玻尔的行星绕太阳的原子模型不是一个稳定的原子模型。现代量子论克服了玻尔理论的经典描述的某些困难。在薛定谔方程中虽然没有指明电子角动量量子化的轨道半径,但在波函数的归一化条件中:

$$\int |\psi|^2 \mathrm{d}V = 1 \tag{2-142}$$

上式中,电子存在于 $\mathrm{d}V$ 体积中,而该体积显然是十分大的。当然,一般可以认为,在物理上的结果和这一体积的选择无关。从前面我们对原子体积有限封闭问题的讨论可知,如果原子体积为无限大,这只能发生在虚空中孤粒子的情况。量子电动力学是把电子当作基本场看待的。1927年，狄拉克首先提出将电磁场作为一个具有无穷维自由度的系统进行量子化的方案。根据量子力学，这个系统具有离散的能级

$$E = \frac{1}{2} \sum_{n1,n2,n3,\delta} h\omega_{n1,n2,n3} \tag{2-143}$$

但是，因为 n_1、n_2、n_3 这些函数要经历一个无限的集合，所以，上式的能量也就是无限大的。尽管场的基本能量本身不会出现在任何表达式中，因为场的能量永远是从基态开始计算的。但是，电磁场的基态会影响现实中可以观察的量。下面就是这种效应中的最重要的一种。

设电子存在于原子核的势能场中，场作用在电子上，它的电磁势的值通常取作：$A = 0, \varphi = \dfrac{Ze}{r}$。如果在静电库仑场中再附加上辐射场，那么顾及辐射场后又如何从式(2-143)中求出电子能量的本征值呢？这个问题的求解在用量子电动力学计算任何物理量的过程中，都要遇到发散的困难。尽管用微扰论最低级近似计算的结果与实验近似符合，但进一步计算高次修正时都得到无穷大的结果。同样的问题也存在于其他的相对论性量子场论中。这就是量子场论中著名的发散困难。虽然，又有人提出所谓对电子质量重新定义的"重正化"问题，但"重正化"只是用适当的数学方法从无限大中分出某些有限量，并不可能从理论上将发散消除。这表明，在量子力学理论中存在着一定的内部矛盾，其根源还在于我们对电磁场认识的片面性。本来真空和量子同是电磁场的载体，量子和场一块运动。而量子场论却将统一的电磁场分为电荷、量子和真空，这就很不自然了！

电磁场本身就是热的能量场。玻耳兹曼从研究分子热运动的统计规律入手，导出了热力学能量守恒与转化定律。普朗克也是依据统计规律，研究了物质内能的变化与热辐射的关系。系统在热辐射中的质量亏损或盈余 $c^2\Delta m$ 又与相对论互相联系。这一切场和实体的相互作用，都取决于一个无量纲的基本耦合常数——精细结构

常数 $\alpha = 0.00729735\cdots$

在研究热力学和电动力学的关系时，依电子的质量和速度就能确定系统的热力学温度。因为，电子的分布与辐射是热力学系统的主要热源，把由 4 个或 6 个单电子组成的电子团当作理想气体研究时，电子团群体在不同加速电压下的平均自由程就是平均波长，在这里，电压与压强具有完全相似的性质。将阿伏伽德罗定律应用在电动力学计算时，处于电离气体放电管中的电子团的运动完全遵守欧姆定律。所以，在热平衡状态下热源电子吸收的能量是：

$$E = eU - \Delta\varepsilon \tag{2-144}$$

式中，U 是电离电位，$\Delta\varepsilon$ 是 1 个电子的结合能。$\Delta\varepsilon$ 又反过来使放电管内阻增大。

$$\Delta\varepsilon = 0.1666eU \tag{2-145}$$

作为热力学系统多电子统计描述

$$\frac{eU}{5} = kT \tag{2-146}$$

$$eU = \frac{m_e v^2}{2} = h\nu_m \tag{2-147}$$

电离能 eU 决定了系统光辐射的主振频率 ν_m，而 ν_m 又决定了系统的热力学温度 T，所以有

$$\frac{h\nu_m}{kT} = \frac{hc}{kT\lambda_m} = \frac{hc}{kb} = 5 \tag{2-148}$$

式中，$b = \lambda_m \cdot T$；$b = 0.0028775786\ \mathrm{m \cdot K}$，是维恩位移常数。

是什么原因使气体分子做永不停歇的热运动呢？按照相对论，具有能量的物质也具有质量，$E = c^2\Delta m$ 给出了质量和能量之间的关系。而一个光量子的内能等于

$$E = 2m_e c^2 \tag{2-149}$$

电磁场的能量可以被认为是一定密度光量子的分布函数

$$W = \frac{1}{8\pi}(\varepsilon E^2 + \mu H^2) \tag{2-150}$$

式中，ε 是介电常数，μ 是磁导率。因此，充满在单位体积的电磁场的内能为：

$$W = c^2 \Delta m = 2nm_e c^2 \tag{2-151}$$

式中，n 是光量子的个数。

电磁场单位体积内具有动质量

$$2nm_e = \frac{W}{c^2} \tag{2-152}$$

运动着的光量子也应具有动量：

$$2nm_e c = \frac{W}{c} \tag{2-153}$$

现在让我们来研究一个光量子与界面之间的理想弹性碰撞。考虑一个半径为 R，体积为 V 的球，球内为真空的理想反射界面。略去光量子之间的碰撞，即可采用图 2-14 的简单图形。

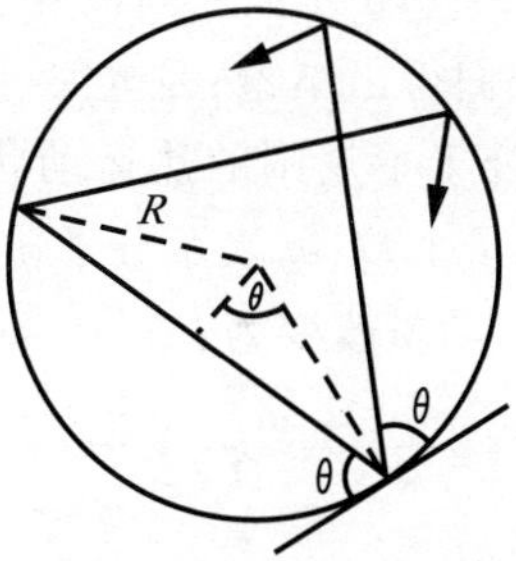

图 2-14　光量子的理想弹性碰撞

光量子以速度 c 在球内做匀速直线运动，当向球壁碰撞时，弹回的反射角等于投射角 θ。由于光量子和球壁相继两次碰撞间的距离（弦长）在所有时间内均为 $2R\sin\theta$，所以 1s 内光量子碰撞$\frac{c}{2R\sin\theta}$次。每一次碰撞，球壁光量子的动量改变 $4m_e c\sin\theta$，1 s 内动量改变为$\frac{2m_e c^2}{R}$。可以看出，投射角 θ 可以消去。光量子以尖锐投射角 θ 碰撞球壁时，碰撞弱；而 θ 接近$\frac{\pi}{2}$ 的碰撞强。

光量子每次碰撞球壁时的动量改变，都对球壁贡献了一份压力。设球空腔内共有 n 个光量子，那么可将压力表达式简单写成：

$$F = \frac{2nm_{e}c^{2}}{R} \tag{2-154}$$

将压力除以球面积 $4\pi R^{2}$，得压强公式

$$p = \frac{2nm_{e}c^{2}}{4\pi R^{3}} \tag{2-155}$$

因为球的体积 $V = \frac{4}{3}\pi R^{3}$，将 $3V = 4\pi R^{3}$ 代入(2-155)式，有

$$pV = \frac{2}{3}nm_{e}c^{2} \tag{2-156}$$

由此可见，压强与光量子个数 n 和光量子内能成正比。

现在将图 2-14 所示的球的空腔内充满单原子分子气体。如果空腔内没有光量子，那么忽略分子之间的相互作用，则分子相对惯性系是静止的。因此我们得出结论：是光量子与分子的弹性碰撞或非弹性碰撞，才使分子处于不规则的热运动状态。根据动量守恒原理，用 N 表示单原子分子个数，m 表示分子质量，分子做不规则的热运动，在 1s 内 N 个分子动量改变为：

$$\frac{mv_{1}^{2}}{R} + \frac{mv_{2}^{2}}{R} + \cdots$$

用分子速度的平方平均值

$$\overline{v}^{2} = \frac{1}{N}(v_{1}^{2} + v_{2}^{2} + \cdots) \tag{2-157}$$

根据公式(2-156)，我们有

$$p\Delta V = \frac{2}{3}m_{e}c^{2}\Delta n \tag{2-158}$$

上式表示以气液相转换点温度作为计算参考点，当压强 p 不变，气体体积 ΔV 的变化与内能变化(即光量子个数 Δn 变化)成比例。在弹性碰撞情形下，内能的变化等于气体分子平均动能的变化，有

$$pV = \frac{1}{3}N_{0}m\overline{v}^{2} \tag{2-159}$$

或者写成

$$pV = \frac{2}{3}N_{0}\left(\frac{m\overline{v}^{2}}{2}\right) \tag{2-160}$$

式(2-159)的 $m\overline{v}^2$ 是与测不准关系式相联系的平均值的概念，而式(2-160)中$\frac{m\overline{v}^2}{2}$是与经典力学相联系的平均值的概念。

因为，任意质量的气体的体积 $V = \mu v$（μ 是物质的量），所以，在最一般的情况下，稀薄气体的状态方程是

$$pV = \mu RT \tag{2-161}$$

把方程(2-160)与式(2-161)比较，可以得到我们感兴趣的重要结果，即

$$\frac{m\overline{v}^2}{2}=\frac{3}{2}\frac{\mu R}{N_0}T \tag{2-162}$$

令 $\mu=1$，就有

$$\frac{m\overline{v}^2}{2}=\frac{3}{2}kT \tag{2-163}$$

这个式子正是式(2-71)分子运动论的基本方程。

十分明显，方程(2-163)是根据公式(2-156)被导出的。为了求出在不同温度下 1 g 分子理想气体内包含的光量子个数，对比公式(2-156)和公式(2-161)，就有

$$\frac{2}{3}nm_ec^2=RT \tag{2-164}$$

和光量子个数 $n-n_0$（n_0 是气体在气-液相转换点上的光量子个数）为

$$n-n_0=\frac{3RT}{2m_ec^2}=1.5232989\times10^{14}\times T \tag{2-165}$$

例如，在绝对温度 300 K 下，1 g 分子理想气体内有光量子个数的统计平均值为 4.5698967×10^{16} 个，我们引入不能实现的例子——在绝对温度 0 K 下，则光量子个数等于零。

上面是以假设的理想反射界面计算的，但是，实际上这种界面根本不存在。特别是与热现象发生直接关系的 1～5μm 红外光波，这类本振频率很低、穿透性很弱的光量子，常常表现出单个粒子的行为——与气体分子发生非弹性碰撞。在辐射和俘获的平衡过程中，光量子在气体中间以类似布朗运动的形式乱反射的非弹性碰撞

扩散，这就是热辐射和热传导。在光量子与气体分子的非弹性碰撞中，其所具有的能量部分或全部转变成其他形式的能量（动能、分子结合能）。例如，在高频范围，由 4 个或 6 个单电子组成的 μ^- 介子链条被氢原子俘获，在核外玻尔轨道上代替电子形成奇特原子，而 μ^- 介子在核外玻尔轨道上再共振辐射出 2 个或 3 个 X 射线光量子。这一现象首先由中国科学家张文裕在宇宙射线中观察到，当时称为张氏辐射。事实上，在低频范围光量子的这种俘获和再辐射的现象更为复杂。如果前面的计算正确，我们就可作出如下结论：热是物体内能的量度。内能的基本传递单位是 $2m_e c^2$。

光量子的内能既不是动能也不是静止势能。光量子与物体发生弹性碰撞或非弹性碰撞后，只要不被破坏（分散成单电子），其内能并不消失。即使它被原子俘获，其振动的瞬时速度也等于 $\pm c$。光量子在分子或原子空隙中时而被俘获，时而又发生再辐射，在动态平衡下发生热辐射和热传导，因此，物体或系统的总热能与光量子总数的质量成比例。我们有

$$1\ \mathrm{J} = 6.107063523 \times 10^{12} \times 2m_e c^2 \tag{2-166}$$

光量子的平均个数是 6.107063523×10^{12} 个。或者利用光量子的内能计算系统的质量亏损或盈余：

$$\Delta E = \pm c^2 \Delta m = \pm 2nm_e c^2 \tag{2-167}$$

n 是光量子总个数。这是相对论给出的最普遍的结论。

那么，什么是理想气体的热容呢？公式(2-164)表示，理想气体的等容热容为

$$c_V = \frac{\partial E}{\partial T} = \frac{2nm_e c^2}{\partial T} = \frac{3}{2}R \tag{2-168}$$

式中，光量子个数 $n=7.616494504\times10^{13}$ 个，R 是普适气体常数。

实验表明，在通常温度下，只有单原子惰性气体（氦、氖、氩等）的等容热容等于 $\frac{3}{2}R$。这表明，这类原子的化学性质很不活泼，不能俘获光量子。因此，系统的热量或压强全部表现在光量子动质量与气体分子的弹性碰撞上。但是，就一般双原子或多原子气体，当温

度升高时，原子半径增大，分子的结合能要俘获光量子以保持电性上的平衡，并发生共振再辐射。在辐射和俘获平衡条件下，各类元素分子或原子俘获光量子的数目不同。比如氢分子，在很大温度范围遵守理想气体状态方程(2-161)，但是它的等容热容 $c_V=\frac{5}{2}R$。因此，将分子结合能计算在内，应该有

$$c_V=\frac{3}{2}R+R \tag{2-169}$$

式中，$\frac{3}{2}R$ 是产生压强的动质量的光量子内能组分，R 是被原子俘获不产生压强振动质量光量子内能的组分。不同物质其分子结合能不同，因此，动质量光量子数目与振动质量光量子数目所占比例各不相同，热容相差甚大。这一点不能用经典理论按分子自由度的比例均分。

研究稀薄气体的热力学现象与研究在稀薄气体中放电的光谱辐射具有完全相似的性质。热力学是采用理想气体压强来确定温度标度。一般说来，能够用任何一种稀薄气体来作为确定温标的基础，它们可以导致相互完全一致的各种温标。同样的，电动力学是采用电压来确定电子团的动能。当把由 4 个或 6 个(平均值 5 个)单电子组成的电子团作为理想气体来研究时，电压就相当于压强。维恩定律和普朗克黑体辐射公式说明了这些相似关系。

分子热运动是用分子自由路程的平均长度 $L=\lambda$ 描述的，这个平均值无疑是个常数。分子平均自由程长度首先取决于单位体积内的分子数。此外，很明显，分子线度越大，自由路程越短。在分子衍射的实验中，分子就是以平均自由程 λ 或$\frac{\lambda}{2}$ 发生衍射的。同样，电子团或光量子群发生干涉或衍射时，与分子的衍射具有相同的性质。

光量子和一切微观粒子存在波粒两象性已被大量实验确凿证实了。另一方面，又有大量的实验材料使我们很难抛弃电磁场的连续概念。近几十年来，量子场论和色动力学的自由渐近理论，一直在寻求一种形式把这两种矛盾性质统一在自身中。特别是把关于

电荷、电子、光量子问题用于原子结构电磁场的研究时，在任何情况下都会出现困难。把普通带电粒子的概念用于电子是不合理的。因为，一谈到使电子各部分彼此相距这样近的力，就会出现问题。相距大约为 10^{-16} m 的电粒子间的斥力是非常大的。按相对论来说，电子应是数学点，这时集中在点上的电荷的能量也应是无穷大的。这类理论导致了这样的结论：在光量子的吸收和发射中，不存在任何限制。因此，在场交换光子时，粒子的本征能量值将发生无限大的变化。事实上，电荷之间的绝对排斥和绝对吸引是根本不存在的，而光量子也不是从原子核内部辐射出来的“很小”的粒子；更有趣的是，电子团不但是一种电子气体，而且是可以变形的粒子。在研究光的干涉现象时，以往理论根本不可能为粒子观点所理解。许多人认为，企图用光量子的某种统计分布来解释干涉现象是完全不可能的。创造光量子的模型、电子团的模型是极为困难的，而论证光量子是由 2 个自旋相反电子组成的“自己推进”粒子则更加困难。对这些现象之间客观存在的因果关系的寻求，几乎涉及所有相互交叉的物理学概念和所有细节。虽然我们对原子核和电子在原子中的层壳分布作了改动，但是，这些修正对已确定的化学定律不会有太大影响。相反，新的原则可能为固体结构、基本粒子结构的研究提出了更为简单、细致的分析方法。

本章对很多问题的认识还只是处于初级阶段，特别是为粒子物理学所提出的许多新概念、新思路，还有许多问题尚待研究和以实验检验。

当物质世界突然在我们面前展现出各种令人震惊的简单性和整体性关系时，科学理论的首要目的就是表达人们发现的自然界所存在的真、善、美……如果原子的生命也有思维，那么，我相信原子的灵魂对美也会感到吃惊不已！因为，它感到灵魂中被唤起的某种东西恰是一直在那儿，处在深处无意识的领域。

3 运动物体电动力学

3.1 惯性参考系与运动定律的转换

物理学定律只有在当被研究的现象所属参考系被规定后才有意义。因此,参考系的选择决定了物理学原理的表达形式。

在牛顿力学和相对论力学所构成的理论框架中,力学定律的表述,一般地说,加速力与阻力是不具有在时间中对立的性质的;或者说,在理论上认为力是无限连续的。因此,通常是把物体的运动绝对地划分为均匀运动和非均匀运动来研究的。一般认为,在真空中物体的均匀惯性运动是一种理想的毫无阻力的运动。然而,这种僵死质点在形式上的运动,是不能揭示运动在时间与空间中绝对不均匀的矛盾性质的。对电磁场真空性质的研究表明,这种均匀的惯性运动只是在形式上的一种假定,现实中我们找不到一个与绝对均匀直线运动相联系的惯性参考系。

作一下简单讨论就会暴露出我们在理论上的缺欠。设想,我们站在一个车厢的地板上。现在车厢突然加速,由相对地球静止进入以速度 v 运动的均匀直线运动状态。这时,我们一定会被抛向后方(相对车厢运动方向),经过了剧烈冲撞之后,我们才以速度 v 和车厢一块运动。

如何说明上述现象呢?我们引入了惯性力。然而,为什么固定在车厢地板上的靠背椅就没有被抛向后方呢?有人说,你把问题搞复杂了,这是摩擦阻碍了它的运动。我说不对!这种情形正是摩擦传递了运动。在上面的例子中,由于我们的速度与车厢地板的速度出现了较大的差别,矛盾激化了,随后,经过剧烈的冲撞,动摩擦的总和才又把相差的运动传递给我们。这种现象就是漂移过程，是在任何一个惯性系中运动物体所必须经历的历史过程。

均匀运动是在对立面的斗争中达到相对均匀的。反冲力作用的波动力学原理指出，一切粒子的运动都是在特定的、真实环境的参考系中进行的。在爱因斯坦的“相对性原理”中就指出：一切彼此做均匀直线运动的系统中，一切物理现象的进行都是相同的(在相同的条件下)。爱因斯坦强调了运动的相对性，就是说他强调了选择参考系的实践标准。但是，爱因斯坦又常常离开这个标准，相对运动常常被他看做是在纯思维中虚假的参考系中进行的。什么样的参考系是虚假的参考系呢？凡是建立在绝对观念基础之上的参考系都是虚假的。由于历史的缘由，这种参考系大概是从伽利略那里产生，并在理论上延续至今，以致在习惯上很难把它清除。

例如，我们经常遇到诸如此类的惯性系间运动定律的转换问题。两个相对做均匀直线运动的车厢，在其中一个车厢的地板上，一个按牛顿定律运动的物体，由在另外一个车厢中的观察者去描述该物体的运动。于是，运动定律便从一个惯性系转换到另一个惯性系中去了。我们不禁要问，在与观察者相联系、由无限延伸的坐标线所组成的惯性系，包含着空间和时间的什么性质呢？对场源的研究表明，物体与容纳物的体场所之间真实的相互作用是发生运动的根本原因。物理学定律不仅仅局限于研究运动物体的坐标，更重要的是应该揭示在特定环境中，物体与环境之间发生物质交换、生动的相互作用，是说明在怎样的特定历史条件下物体自己的运动。

事实上，物理学最初的惯性系都是依据客观上存在的真实系统而确定的。比如，地球、车厢、轮船等等。如果用观察者或参考物体去代替真实的惯性系，就必然导致绝对时间与空间，造成理论上的混乱。

对我们来说，参考系的坐标永远是根据客观上存在的真实系统而确定的相对静止或瞬间静止的概念。也只是在瞬间静止这个意义下，参考系的坐标轴才可以无限延伸，并进行坐标变换。然而，这多半属于测量学而不是物理学的范畴。在物理学中，如果我们是在有限的时间中去研究运动定律，参考系的坐标轴便不能超越真实系统所规定的界限。参考系的时空性质是由系统中物质相互作用的性质决定的。因此，在理论上，与所有质点都相互联系的独立自在的空间是不存在的。物理学中的参考系只能依据实践的观点来选择。参考系的坐标原点也只能与系统中绝大多数质点(系统的质量中心)为静止的参考物体相联系，也只是这种坐标系的客观存在，才使人们可能用实验方法去确定运动定律，并且指出在怎样的条件下，运动定律适合某些参考系。

在物理学中，惯性系间运动定律的转换可区分为 2 种情况(见图 3-1 所示)：①2 个惯性系 A 和 a，a 处于 A 之中，比如地球和在地球上运动的车厢。②2 个惯性系 a 和 b，a 不处于 b 中，b 也不处于 a 中，比如 2 个相对运动的车厢。

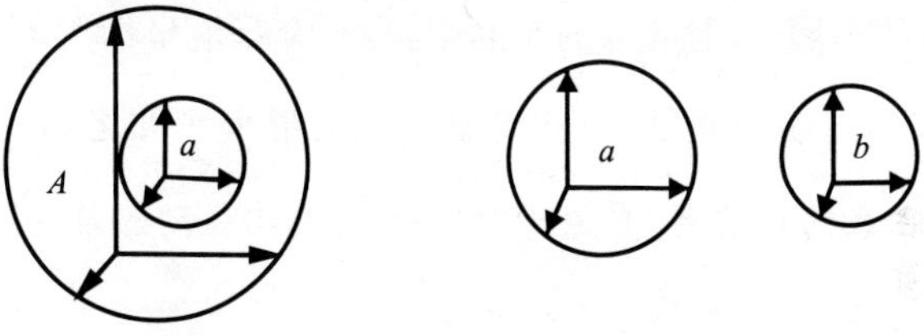

图 3-1　惯性系间运动定律的转换

只有在上面第①种情形下，从惯性系 a 到 A (即坐标变换)才存在惯性系间运动定律的转换。其他情况都不存在所谓运动定律转换问题。而坐标变换也是在地球这个坐标系中连续完成的。

如果是地球上的观察者去考察车厢中的运动物体时，则从惯性系 a 到 A 之间运动定律转换服从伽利略变换。尽管在车厢中的时钟可能比地球上的时钟走得快，或是空间被压缩了，但是，作为地球上的观察者，他必须用地球上的时钟和标尺去描述一切发生的真实的压缩或漂移。

对场源的研究应排斥一切空洞无物的绝对静止参考系存在的可能性。因此，以历史和实践的观点来看，地球就是惯性系。我们把主要参考系地球称为“母系”，在地球上所有的惯性系都称之为

“子系”。“子系”被“母系”包含,“母系”规定了“子系”的时空属性。当然,主要参考系的选择又是随人类认识的不断扩大与深化而改变的。因此,也可把太阳称为“母系”,将地球称为“子系”,等等。只有以主要参考系观察者的观点去判别事物,才是所有知识和逻辑的客观标准。因为,物理学的逻辑不是一个人或几个人思辨中的产物,而是全人类社会实践的产物。离开了历史和实践的观点,任何表象化或神秘化的观点都是不可取的。

3.2 速度相加原理

下面研究在图 3-1 中由惯性系 a 到惯性系 A 之间运动定律的转换。

在惯性系地球 A 中,一个是沿水平坐标 X 方向,以速度 v 做均匀直线运动的车厢,惯性系 a 的车厢中,另一个是沿坐标 X 方向以速度 $\frac{c}{n}$ 相对车厢运动的光量子。在光量子没有射出车厢之前,按伽利略变换,对 A 系的观察者,光量子沿坐标 X 方向运动的合成速度为

$$\mu = \frac{c}{n} \pm v \tag{3-1}$$

式中,n 是运动车厢中媒质的光的折射率。

那么,光量子相对地球上的观察者的合成速度是否能超过光速呢?显然,应有下面的不等式制约着 n 和 v 之间的关系:

$$v \leqslant c\left(1 - \frac{1}{n}\right) \tag{3-2}$$

$$n \geqslant \frac{1}{1 - \frac{v}{c}} \tag{3-3}$$

即是说,相对地球为静止的车厢的光的折射率 n_0 小于运动车厢的折射率 n。不管车厢中充填什么物质,即便是把车厢抽成“真空”,由于车厢的运动,这时在“真空”车厢中残存的分子的热运动也必定使 n 值满足不等式(3-3)。运动车厢的光折射率 n 的下限被车厢的速度 v 所规定,这个值就是在不同惯性系中特定“真空”含义下的相

对 n_0 的参考点。

在光量子寿命有效的传播距离内，我们把银河系的中心当作是近似相对静止的“真空”参考点，这时 $n_{01}\approx 1$，$c_{01}=300072000\ \text{m/s}$。

太阳系绕银河系中心运动的速度是 250 km/s。据公式(3-3)：

$$n \geqslant \frac{1}{1-\dfrac{v}{c_{01}}} \tag{3-4}$$

将 $v = 250\ \text{km/s}$，$c_{01} = 300072000\ \text{m/s}$ 值代入上式，有

$$n \geqslant 1.000833827$$

$$n_{02} = 1.000833827$$

$$c_{02} = \frac{c_{01}}{n_{02}} = 299822000\ \text{m/s}$$

其中，太阳系“真空”光的折射率是 n_{02}，“真空”中光速是 c_{02}。

地球绕太阳公转的平均轨道速度是 29.79 km/s。则应将式(3-3)写成：

$$n \geqslant \frac{1}{1-\dfrac{v}{c_{02}}} \tag{3-5}$$

在 $v = 29.79\ \text{km/s}$，$c_{02} = 299822000\ \text{m/s}$ 时，

$$n \geqslant 1.000099369$$

$$n_{03} = 1.000099369$$

$$c_{03} = \frac{c_{02}}{n_{03}} = 299792210\ \text{m/s}$$

在前面的例子中，如果惯性系车厢相对地球以 11.2 km/s 的速度(第二宇宙速度)运动时，不管车厢中是否是“真空”，按公式(3-3)计算，有

$$n \geqslant \frac{1}{1-\dfrac{v}{c_{03}}}$$

$$n_{04} = 1.00003736$$

$$c_{04} = \frac{c_{03}}{n_{04}} = 299781010\ \text{m/s}$$

这表明，在不同的惯性参考系中，“真空”的能量不同，规模愈小的惯性系“真空”能量越高，“真空”中光速越低。在地球上，所有的惯性系（子系）都是以地球（母系）中的“真空”光速 c_{03} 作为计算光相对折射率的相对参考点的。即我们可以简单地令 $n_{03}=1, c_{03}=c$，根据 200 多年中上百次的测定，在地球上真空光速为

$$c=\frac{1}{\sqrt{\mu_0\varepsilon_0}}=299792458\ \mathrm{m/s} \tag{3-6}$$

其中：μ_0，ε_0 分别是真空中的磁导率和介电常数。

在我们计算中所采用的 $c_{01}=300072000\ \mathrm{m/s}$ 尚不够准确。因为，在历史上仅有喇德雷用光行差法测量过在银河系空间星场中的光速（群速），光行差试验的实测值是 $c_{01}=300010000\ \mathrm{m/s}$。但是，我们可以初步认为，爱因斯坦狭义相对论的第一个假设——在真空中一切参考系中光速都等于 c——的论断，只是带有近似性质的。

于是，我们得出结论：公式(3-1)的伽利略变换是正确的，即运动车厢全部带走了光量子。但据公式(3-3)，相对地球上的观察者，合成光速不能大于 c，因此，这表明静止的车厢与运动的车厢光的折射率不同。

同样，当光量子从运动车厢再射入地球时，光量子的速度必须与车厢的速度以矢量相加，但是惯性速度 v 必然在有限的空间中衰减至零，所以，合成速度 μ 必然反映在光折射率的变化上。

什么是光波的折射率呢？大家知道，在真空中各种能量光波的群速都等于 c。可是在媒质中，能量低、波长大的光波反而比能量高、波长短的光波有较高的群速。这种奇怪的现象是怎么发生的呢？因为，在媒质中运动的光量子群中的光量子，总是沿与其运动方向夹角不大的范围被媒质中的原子散射，所以它总是沿着左右统计对称的锯齿形折线方向运动。且媒质愈密，分子热运动速度愈大，光量子群的本振频率愈大，它被散射的几率也愈大。所以，只有光量子群中的光量子互相干涉，才使干涉后的光线沿直线传播。而我们总是用直线距离的最短光程来计算光波的群速。即在媒质中，

光量子的速度仍然近似等于 c，光波的群速等于平均直线光速$\frac{c}{n}$。

在了解了光波在两个惯性系中运动的这些特点后，那么如何描述光波的合成速度呢？因为光波在运动车厢中传播的折射率 n 随速度 v 而变化，所以必须选择一种数学方法去描述这种速度合成。于是，我们取车厢的均方根速度，将合成速度写成：

$$\sqrt{v'}=\sqrt{v}\sqrt{(1+\frac{1}{n})(1-\frac{1}{n})} \tag{3-7}$$

$$v'=v(1-\frac{1}{n^2}) \tag{3-8}$$

$$\mu=\pm\frac{c}{n}+v(1-\frac{1}{n^2})\approx(v\pm\frac{c}{n})(1\mp\frac{v}{cn}) \tag{3-9}$$

因为分数$\frac{v}{cn}$比 1 小得多，因而可以用公式$\frac{1}{1\pm a}\approx 1\mp a$($a$ 为一小量)，将公式(3-9)写成：

$$\mu=\frac{\pm\frac{c}{n}+v}{1\pm\frac{v}{cn}} \tag{3-10}$$

这便是爱因斯坦的速度相加原理。但是，应该了解到，尽管我们最后所得到的结果在形式上与相对论结果相同，但在实质上，上述近似计算的方法在原则上却不能引出相对论的时空理论。相反，它应是伽利略变换的一种不完善描述方法。

类似的近似计算数学方法还有很多。例如，假定下列等式为不变式：

$$ct'=(c+v)t_1 \tag{3-11}$$

$$ct'=(c-v)t_2 \tag{3-12}$$

$$ct=(c+v)t'_1 \tag{3-13}$$

$$ct=(c-v)t'_2 \tag{3-14}$$

将式(3-11)与式(3-12)以及式(3-13)与式(3-14)等号两边分别相乘整理后，有

$$t^{*}=\sqrt{t_1 t_2}=\frac{t'}{\sqrt{1-(\frac{v}{c})^2}} \tag{3-15}$$

$$(t')^{*}=\sqrt{t'_1 t'_2}=\frac{t}{\sqrt{1-(\frac{v}{c})^2}} \tag{3-16}$$

将几何平均数时间 t^{*} 和 $(t')^{*}$ 再代回到式(3-13)和式(3-12)中,并认为 $x=ct$ 与 $x'=ct'$ 为不变式,有

$$x=\frac{(c+v)t'}{\sqrt{1-(\frac{v}{c})^2}}=\frac{x'+vt'}{\sqrt{1-(\frac{v}{c})^2}} \tag{3-17}$$

$$x'=\frac{(c-v)t}{\sqrt{1-(\frac{v}{c})^2}}=\frac{x-vt}{\sqrt{1-(\frac{v}{c})^2}} \tag{3-18}$$

将上两式等号两边分别除以 c,有

$$t=\frac{t'+\frac{v}{c^2}x'}{\sqrt{1-(\frac{v}{c})^2}} \tag{3-19}$$

$$t'=\frac{t-\frac{v}{c^2}x}{\sqrt{1-(\frac{v}{c})^2}} \tag{3-20}$$

上面是导出的洛仑兹变换方程。而公式(3-15)和公式(3-16)给出的几何平均时间就是所谓“时钟佯谬”问题。我们看到上面的数学运算方法基本上是属无理运算,不管理论上怎样对“时钟佯谬”“空间收缩”“时钟变慢”作出解释,但必竟这个本已超出思维规律的理论还是令人费解的。

3.3 古典光学实验

古典光学实验——斐索实验、迈克尔逊实验、光行差实验,给出了如下不可调和的结果:当发生光学现象的体系有了相对运动时,

无论我们假定是光波完全被运动体系带走，或是被部分带走以及完全不被带走，都与上述其中的一个实验发生矛盾。当初的运动媒质电动力学就是根据赫兹的“以太漂移说”，或洛仑兹的“以太静止说”建立起来的。1905 年爱因斯坦在《论运动物体的电动力学》的论文中，以“相对性原理”和“光速不变原理”创立了狭义相对论，从特殊的洛仑兹变换给出了完全不同于牛顿力学的时空观念。事实上，当发生光学现象的体系有了相对运动时，在迈克尔逊实验中表现了光波完全被地球带走的特征。而在斐索实验中，当光波从一个惯性系进入到另一个折射率为 n，相对以速度 v 运动的惯性系中时，则表现为光波被部分漂移的现象，同时以速度 v 运动的惯性系媒质折射率增大。按公式(3-8)，有

$$v'=\pm v\left(1-\frac{1}{n^2}\right)$$

在局部时空范围，漂移系数等于或稍大于 $1-\frac{1}{n^2}$，这正是斐索实验得到的结果。

最有趣的是光行差现象。按以往理论，在光波垂直入射地球大气层条件下，无论是假定光波完全被地球带走，或是完全不带走以及部分带走，都无法解释光行差实验。实际上，光行差现象是由于光量子结构本身的不对称性而发生的一种运动学效应。

图 3-2 中表示的是一个小火箭，当它从一种媒质垂直射入到另一种在界面上做横向运动的媒质中时，应该有偏斜角：

$$\alpha\approx\tan\alpha=\frac{vn}{c} \tag{3-21}$$

即小火箭就类似一个光量子。因为，光量子不是一个球形的对称粒子，所以，在上述横向漂移中，光量子的“伍莫夫-玻印亭”矢量、光量子传递能量的方向发生 α 角的光行差角。

由于对古典光学实验的解答完全符合经典力学原理，所以，不需要相对论的结论，我们也能对这些实验作出最简单的理解。

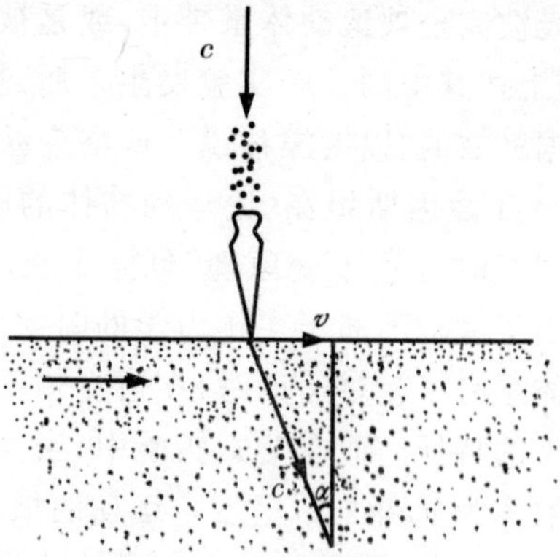

图 3-2　光行差示意图

3.4　光波的多普勒效应——“时间膨胀”和“时钟佯谬”

光波是粒子波，所以，光波的多普勒效应是由光波进入观测仪器的瞬时速度与光的波长两个互相制约的因素决定的。狭义相对论给出的光波多普勒效应公式是

$$\nu=\frac{\nu_0\sqrt{1-(\frac{v}{c})^2}}{1-\frac{v}{c}\cos\varphi} \tag{3-22}$$

式中，ν_0 是光源的频率，ν 是光源与接收器以相对速度 v 运动时收到的光波频率。即光波多普勒频率只与接收器与光源的相对速度有关。取 $\varphi=0$ 或 $\varphi=\pi$，可将式(3-22)写成

$$\nu=\frac{\nu_0\sqrt{1-(\frac{v}{c})^2}\times(1\pm\frac{v}{c})}{(1\mp\frac{v}{c})\times(1\pm\frac{v}{c})}=\frac{v_0(1\pm\frac{v}{c})}{\sqrt{1-(\frac{v}{c})^2}} \tag{3-23}$$

我们看到，公式(3-23)与经典多普勒公式(3-31)只差相对论一项所谓的时间流逝减慢因子$\frac{1}{\sqrt{1-(\frac{v}{c})^2}}$。当 $v=c$ 时，公式(3-22)中的 ν 将给出零或取任意值的结果。当 $v\ll c$ 时，式(3-22)与经典多

普勒公式只差二阶小量。而观测者又无法以接近光速运动，所以，不能证明公式(3-22)的正确性。因此，也不能证明波动方程(1-22)和方程(1-23)的正确性。

下面我们在经典力学范围内研究这些问题。

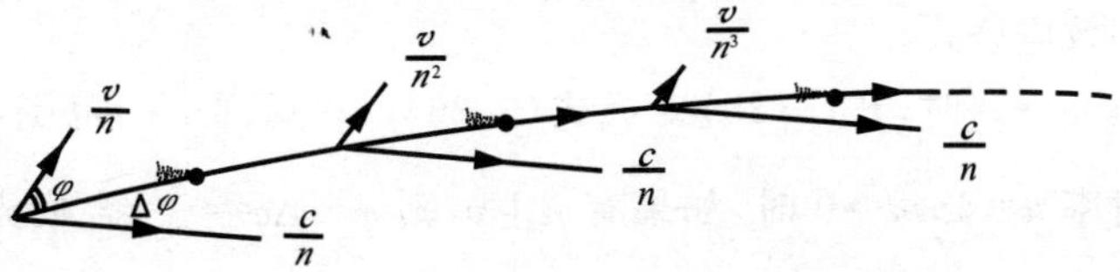

图 3-3　光量子的速度合成

细致研究光波的多普勒效应是十分复杂的。当运动光源离接收器很近时，由于光量子的"本征光速"与衰减的"惯性光速"以矢量相加，往往会造成光线弯曲的现象。例如，在图 3-3 中，如果将光量子的"惯性光速"近似写成指数衰减形式，取 $m=1,2,3,4\cdots$ 来研究时，其合成光速 μ 就应写成：

$$\mu=\sqrt{(\frac{c}{n})^2-\left[\frac{v\sin(\varphi-\Delta\varphi)}{n^m}\right]^2}+\frac{v\cos(\varphi-\Delta\varphi)}{n^m} \qquad (3\text{-}24)$$

根据经典理论：

$$\lambda_v=\lambda_0(1-\frac{nv\cos\varphi}{c}) \qquad (3\text{-}25)$$

$$\nu_v=\frac{v_0}{1-\frac{nv\cos\varphi}{c}} \qquad (3\text{-}26)$$

应将(3-25)式改写成：

$$\lambda_v=\lambda_0\left[1-\frac{nv(1-\frac{1}{n^m})\cos(\varphi-\Delta\varphi)}{c}\right] \qquad (3\text{-}27)$$

和

$$\frac{\nu_v}{\nu_0}=\frac{\lambda_0 n\mu}{\lambda_v c}$$

整理后，有

$$\nu_v=\frac{\nu_0 n\mu}{c-nv(1-\frac{1}{n^m})\cos(\varphi-\Delta\varphi)} \tag{3-28}$$

式中，n 是媒质相对折射率。上式给出的是当接收器相对惯性系静止，光源相对接收器以速度 v 运动时，在普遍情况下光的 m 阶经典多普勒效应公式。

当 $m\to\infty$ 时，式(3-28)变成式(3-26)。在局部空间范围，当光的折射率 $n\approx1, m\to0$ 时，如果有 $\mu\perp v$，则 $\varphi-\Delta\varphi=\frac{\pi}{2}$，合成光速 $\mu=\sqrt{c^2-v^2}$。

将式(3-28)写成

$$\nu_v=\nu_0\sqrt{1-(\frac{v}{c})^2} \tag{3-29}$$

证明光的横向多普勒公式(3-29)是由斯塔克于 1906 年利用极隧射线，在摄谱仪距离运动光源很近的情况下近似垂直拍摄到的光谱线红移部分 ν_v 的光谱线(也有一个分紫移光谱线)。

当光源相对惯性系静止，媒质折射率 $n\approx1$，观测仪器以速度 v 运动时，观测仪器与光源连线夹角 $\varphi=0$ 或 $\varphi=\pi$ 时，光的经典多普勒公式是

$$\nu=v_0(1+\frac{v}{c}\cos\varphi) \tag{3-30}$$

$$\nu=\nu_0(1\pm\frac{v}{c}) \tag{3-31}$$

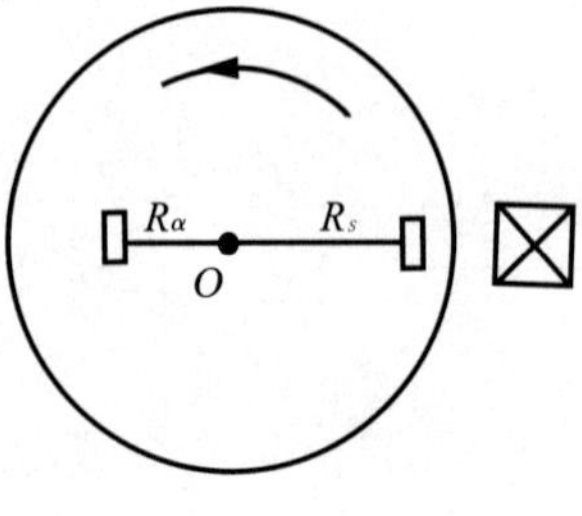

图 3-4　圆盘转动实验

笔者就是用公式(3-31)导出反冲力波动方程(1-36)和方程(1-37)的，并认为光的经典多普勒公式是正确的。这样我们就彻底摆脱了洛仑兹变换在物理学中一个多世纪的纠缠。

在穆斯堡尔圆盘转动实验以及光谱线的引力红移中，就表现了光波横向多普勒效应的某些统计描述的特征。例

如，在图 3-4中，许多人曾将 γ 射线源和共振吸收体放在高速转动圆盘的不同位置上(圆盘转动速度在 $10^{-6}c$)，观察光波的二阶多普勒效应。即，据公式(3-29)，发射体与吸收体的本振频率为 ν_s 和 ν_α，与相对实验室静止时本振频率 ν_0 之间的关系为：

当 $v \ll c$ 时，$\sqrt{1-(\frac{v}{c})^2} \approx 1-\frac{v^2}{2c^2}$，公式(3-29)可写成

$$\nu_s=\nu_0\sqrt{1-(\frac{v_s}{c})^2}\approx\nu_0(1-\frac{{v_s}^2}{2c^2}) \tag{3-32}$$

$$\nu_\alpha=\nu_0\sqrt{1-(\frac{v_\alpha}{c})^2}\approx\nu_0(1-\frac{{v_\alpha}^2}{2c^2}) \tag{3-33}$$

将上面两式整理后，有

$$\frac{\nu_\alpha-\nu_s}{\nu_0}=\frac{\omega^2}{2c^2}({R_s}^2-{R_\alpha}^2) \tag{3-34}$$

式中，ω 是角速度，R 是发射体与圆盘中心的距离。公式(3-34)的关系与圆盘转动实验结果符合很好。

另外，在许多情况下，光波的多普勒效应又常常表现出在非惯性系中光源与接收器发生相对运动的特点。例如，在原子钟环球航行实验中就表现得特别明显。目前，在理论上通常是把这类实验(包括穆斯堡尔效应)看做是"时间膨胀"效应。有些人则认为，应该把原子核看做是"时钟佯谬"问题的时钟。这类实验解答了"时钟佯谬"问题。下面我们来研究这类问题。

十多年前，英国物理学家爱森(Essen)发明了铯原子钟。铯原子以谐振方式发射 9200MHz 的无线电波辐射。通过差频接收机，人们可以将计时精度提高到 10^{-12} s 的数量级。

1970 年，Hafclc 设计了原子钟环球航行实验。如图 3-5 所示，实验是把两只在地球上同步的原子钟，一只留在地球表面，另一只放到飞机上，在赤道上空固定高度 h 绕地球航行，飞机飞行一周后降落到地面。然后，将两只原子钟的读数进行比较，以验证"时间膨胀"效应。

1971 年，爱森完成了上述实验。在实验中他们发现，向东飞行

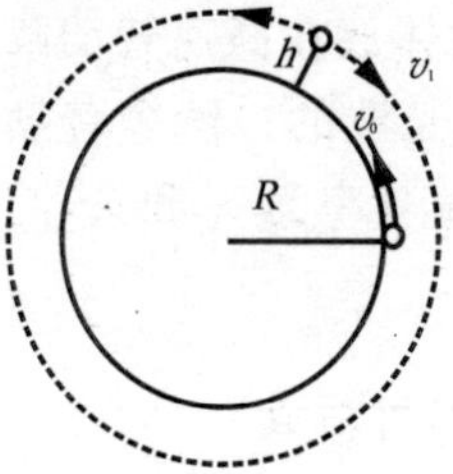

图 3-5 原子钟环球航行实验

的 4 只原子钟的读数比地球表面的钟的平均读数慢了 59×10^{-9} s；向西飞行的 4 只原子钟快了 273×10^{-9} s。

实验结果表明的时间效应是怎样发生的呢？我们认为，对于时间分辨率在 10^{-12} s 数量级以及长时间频率测量下，无论是地球或是飞机都已经不是很好的惯性系了。也就是说，放在地球上或飞机上的发射装置（铯原子）与无线电接收器，在 10^{-12} s 数量级时间间隔中都处于显著不均匀的振动状态。

在地球表面，从发射机（铯原子）辐射出的光量子与接收机之间的相对瞬时速度，即合成光速 μ_0，应该在 $c+v_0$ 与 $c-v_0$ 之间变化（v_0 是地球自转速度）。令光的折射率 $n\approx1$，考虑到光波的速度叠加在局部空间中的不对称性（横向叠加占优势），应该有平均合成光速小于 c，所以，取合成光速的几何平均值，有：

$$c+v_0>\mu_0>c-v_0 \tag{3-35}$$

$$\mu_0=\sqrt{c^2-{v_0}^2} \tag{3-36}$$

同样，在地球上空以速度 v_1 飞行的飞机更偏离惯性系。在向东飞行的飞机上，原子钟发射机辐射出的光量子与飞机上接收机之间的相对瞬时合成光速 μ_1，应该有

$$c+(v_1+v_0)>\mu_1>c-(v_1+v_0) \tag{3-37}$$

$$\mu_1=\sqrt{c^2-(v_1+v_0)^2} \tag{3-38}$$

向西飞行的原子钟与接收机之间的瞬时合成光速 μ_2 为

$$c+(v_0-v_1)>\mu_2>c-(v_0-v_1) \tag{3-39}$$

$$\mu_2=\sqrt{c^2-(v_0-v_1)^2} \tag{3-40}$$

令 ν_0 是相对地球为绝对静止的原子钟的频率，地球赤道半径为 R，自转角速度是 ω。根据公式(3-28)，在地球表面上的铯原子钟的横向多普勒频率是

$$\nu_{\mu0}=\nu_0\sqrt{1-\left(\frac{\omega R}{c}\right)^2}\approx\nu_0\left(1-\frac{\omega^2R^2}{2c^2}\right) \tag{3-41}$$

再考虑在地球赤道平面内，高度为 h 的空中以速度 v_1 向东方飞行的另一只原子钟，接收机在长时间中收到的无线电波的横向多普勒频率为：

$$\nu_{\mu1}=\nu_0\sqrt{1-[\frac{(v_1+v_0)^2}{c^2}]}\approx(1-\frac{{v_1}^2}{2c^2}-\frac{\omega^2R^2}{2c^2}-\frac{\omega Rv_1}{c^2})\nu_0 \tag{3-42}$$

以速度 v_1 向西方飞行的原子钟，有：

$$\nu_{\mu2}\approx(1-\frac{{v_1}^2}{2c^2}-\frac{\omega^2R^2}{2c^2}+\frac{\omega Rv_1}{c^2})\nu_0 \tag{3-43}$$

在式(3-41)、式(3-42)和式(3-43)中，$\frac{\omega^2R^2}{2c^2}$符号相同可以略去，即有

$$\nu_{\mu_0}\approx\nu_0 \tag{3-44}$$

$$\nu_{\mu_1}\approx[1-\frac{1}{2c^2}({v_1}^2+2\omega Rv_1)]\nu_0 \tag{3-45}$$

$$\nu_{\mu_2}\approx[1-\frac{1}{2c^2}({v_1}^2-2\omega Rv_1)]\nu_0 \tag{3-46}$$

公式(3-45)和公式(3-46)就是狭义相对论给出的所谓“时间膨胀”效应的表达式。上述分析表明，这是由在非惯性系中原子钟的发射机与接收机之间长时间的横向多普勒频移所产生的计量效应。

在上述实验中，还必须考虑到引力红移的不对称性。即 2 只钟的速率之差正比于它们所在地点的引力势之差。距地表高度为 h 的原子钟与地面上的原子钟的频率之差是：

$$\nu_h-\nu_0=\left[\frac{Gm}{Rc^2}-\frac{Gm}{c^2(R+h)}\right]\nu_0\approx(\frac{Gm}{R^2})\frac{h}{c^2}\nu_0=\frac{gh}{c^2}\nu_0 \tag{3-47}$$

式中，$g=\frac{Gm}{R^2}$是地球表面的重力加速度。由于 $h\ll R$，上式中略去了高于$\frac{h}{R}$的小项。于是，可将式(3-45)和式(3-46)写成

$$\nu_\mu-\nu_0=\left[-\frac{1}{2c^2}({v_1}^2\pm2\omega Rv_1)\right]\nu_0 \tag{3-48}$$

由方程(3-47)和方程(3-48)给出的总效应是：

$$\nu-\nu_0=\left[\frac{gh}{c^2}-\frac{1}{2c^2}({v_1}^2\pm 2\omega R v_1)\right]\nu_0 \tag{3-49}$$

在上式中，取飞机绕赤道飞行一周时间 ΔT 总的频率计数为 ν 和 ν_0，则可以用时间尺度 $\Delta\tau$ 和 $\mathrm{d}\tau_0$ 计算：

$$\Delta\tau=\int\left[\frac{gh}{c^2}-\frac{1}{2c^2}({v_1}^2\pm 2\omega R v_1)\right]\mathrm{d}\tau_0 \tag{3-50}$$

如果原子钟不在赤道平面内，且飞行速度偏离东、西方向，那么上面的方程应修改为：

$$\Delta\tau=\int\left[\frac{gh}{c^2}-\frac{1}{2c^2}(v_1^2+2\omega R v_1\cos\theta\cos\varphi)\right]\mathrm{d}\tau_0 \tag{3-51}$$

其中，$\cos\varphi$ 是纬度余弦（在赤道面内 $\varphi=0^\circ$ 或 $\varphi=\pi$），$v_1\cos\theta$ 是速度 v_1 向东或向西方向的分量。公式(3-51)的结果已被实验证实（见表 3-1）。

在穆斯堡尔温度效应中，由于原子的热振动的均方根速度随温度升高而增大，所以，原子辐射的 γ 射线频谱也应用 $c+v$ 和 $c-v$ 的几何平均值来描述。即原子辐射 γ 射线的横向多普勒频率向长波方向移动

$$\nu=\nu_0\sqrt{1-\left(\frac{v}{c}\right)^2}\approx\nu_0\left(1-\frac{v^2}{2c^2}\right) \tag{3-52}$$

$$\Delta\nu=\nu-\nu_0\approx-\frac{v^2\nu_0}{2c^2} \tag{3-53}$$

式中，ν_0 是相对实验室系绝对静止的原子核辐射频率（理论值），v 表示原子热振动的均方根平均速度。

通过讨论我们看到，光谱的穆斯堡尔效应与光波的多普勒效应都具有相同的物理本质。而“时间膨胀”和“时钟佯谬”在逻辑上的矛盾产生于洛仑兹变换方程，这些在历史上长期争论的问题都与参考系的选择有关。不能不看到，讨论时钟快慢的问题是物理学中最令人头痛的。在相对论力学中的惯性参考系被相对运动的概念毫无原则地代替了。因此，没有一个最有权威的观察者，观察者可以带上 3 条坐标线（在实际上是被理论上虚设的三维或多维虚空中）一会儿跑到这儿，一会儿跑到那儿，一会儿用这个钟，一会儿用那个

表……人们引用了许多令人迷惑不解的时间，比如，固有时、相对时、相遇对钟，等等，试图说明这个本已超出思维规律的理论。

表 3-1 环球航行原子钟实验结果与理论计算比较表

			Δτ(飞行原子钟减去地面钟读数，以 10^{-9}s 为单位)	
			向东航行	向西航行
实验结果	钟编号 4 只原子	120	−57	+277
		361	−74	+284
		408	−55	+266
		447	−51	+266
	平均值		−59±10	+273±7
	引力效应		−59±10	+273±7
	运动学效应		144±14	179±18
	总的净效应		−40±23	275±21

狭义相对论对“时钟佯谬”问题给出了这样一个结果：有两个孪生子，一个乘高速飞船到遥远宇宙空间去旅行，另一个则留在地球上。经过若干年，飞船重新返回到地球之后，由于往返飞船上的时钟变慢了，所以，宇宙航行的孪生子比留在地球上的孪生兄弟年轻了。这个最令人困惑的问题，不管看起来多么离奇，但最终还是被人们接受了。也许只有在光量子上的生物才能实现上述的旅行，但它们能活多长时间呢？在古老的神话中，天堂的时间与人间的时间就是相对的，但是，这些只是属于宗教的讨论范畴，而与物理学中的时间计量毫无关系。

我们认为与相对论的结论恰恰相反，相对地球运动速度愈快的惯性系，时间流逝不是相对地球的钟减慢了，而是相对加快了，这是由于质量亏损，空间受到压缩相对尺度变短了。在这个惯性系中所有生命体(包括原子、分子)的新陈代谢速率也同步加快，不要说以光速旅行，即便是在宇宙飞船上工作几个月的宇航员，当他们回到地面之后，体力的耗损、钙质大量流失，都会使他们变得苍老无力。

尽管我们对时间的认识常带有主观性质或宗教性质，但物理学中的时间都不是主观的。自有人类文明以来，主要参考系地球的圆振动就一直作为历史的、统一的时间计量标准。诚然，这个计时标准有时不够精确，但是，选用什么样的计时手段，或者这个钟快了，那个表慢了，这只是钟表匠的事。科学的活动是全人类的社会实践，因此，物理学定律必须用统一的时间与空间计量标准去表达。物理学中的时间计量标准是相对的，采用任何一种时间的精确计量方法都不能判定时间尺度的绝对变化。在地球演化的地质年代中，由于自转周期与公转周期处于交替增大和减小的周期变化的波动状态，使地球上所有生物的新陈代谢活动也处在周期变化之中。1963 年，美国康奈尔大学的威尔教授研究珊瑚化石日生长厚度的计算结果表明，6 亿年前珊瑚化石每日生长厚度只相当于现在地球 21 h 的生长厚度。这表明，由于地球自转速度加快，使生物新陈代谢的速率也同时加快了。然而，地球自转速度相对加快而使时间流逝相对加快具有绝对意义吗？6 亿年前地球上的钟（如果有的话）和现代钟具有同样的摆长吗？显然，物理学中统一的时间与空间计量标准只能来源于同一计时手段的相互约定。

3.5 引力场和电磁场图像

在牛顿力学中，所谓引力场就是指其中有引力作用的空间，这种抽象的空间常常被人们理解为是一种逻辑的、先验的范畴。在电动力学中，带电体之间的相互作用首先就表现在电荷和电磁场之间的相互作用。在狭义相对论中，空间、时间和场的概念都是由洛仑兹变换方程的不变性所表述的。在广义相对论中，爱因斯坦的引力的基本概念是：引力场中的运动和观察者们对于减速车厢而言的那种惯性运动是一样的。不管物理学采纳怎样复杂的概念来描述引力场和电磁场，继续向前发展的物理学理论都在力图回避牛顿的超距作用的假说。因为，这种假说是我们已形成的认识模式所不能接受的。人们为了尽量避开讨论场的真实状态，曾经把场简化成各种形式，这其中包括电荷、力线、弹性媒质、数学方程组、坐标变换和观测效应等。

17 世纪初，对于电磁现象的广泛研究使法拉第逐渐形成了他特有的观念。他深信在带电体和磁体的周围存在着某种物质特殊的“紧张状态”，他用电力线和磁力线来描述这种状态。他认为：力线是物质的，它弥漫在全部空间，并把异号电荷和相异磁极分别连接起来；电力和磁力不是通过虚空空间的超距作用。法拉第的这些关于场的概念，为建立电磁现象奠定了理论基础。1864 年，麦克斯韦宣读的一篇论文中去掉了开始曾启发他但又无法深入解释的力线横波，仅保留了数学方程组和作为描述场的“以太”。在以后的 2 个世纪时间内，光的负载者“以太”一直困扰着物理学。为了设想一种横波振动的传播，“以太”曾被认为具有液体的性质。为了讨论运动物体是否带走“以太”的问题，人们又不得不强加给“以太”许多奇怪的性质。古典的光学实验——迈克尔逊实验、斐索实验、光行差实验——最终的矛盾结果，使“以太”的假说彻底破产了。19 世纪，随着相对论和量子力学的发展，进一步证明了光具有波粒两象性。但是，在对光本性的认识上，相对论和量子力学又出现了新的深刻的矛盾。“上帝不掷骰子”，在爱因斯坦与玻尔为代表的哥本哈根学派关于量子理论性质长达 40 年之久的论战中，一个中心的论题就是“上帝掷不掷骰子？”也就是说，科学规律本质上是否应是因果性的，或者说是否可以是概率性的？允不允许最终与因果性原理不相容的科学规律？

在两狭缝光的衍射实验中，爱因斯坦坚持认为：一个光量子怎么可以同时走两条路呢？你说它走一条路，又说它走两条路，这是多么没有意义的事，量子论是何等自相矛盾啊！玻尔却强调说：基本量子现象只有当被观察到时，才是一种现象……

然而不论是相对论还是量子力学，关于场论的理论必须能够正面回答下面的问题：究竟是场推动实物运动，还是实物带走场，或是场和实物一块运动？在电磁学中，“正”与“负”电荷概念的引入不能说明上述问题的因果关系，因为按同性电相斥、异性电相吸，场便成为多余的了。研究分于的化学键之间作用力表明，带异电性的两原子，在它们距离小到一定程度时，必然发生相互排斥现象。因为，如果不是这样，我们就无法解释分子为什么具有稳定结构。同样，带同性电、自旋相反的两原子距离在一定限度时也发生吸引现象。由此可见，场的涡旋性质并不总是被"正"与"负"电荷先验属性所规定的，而自旋的选择是微观粒子相互结合的决定性的条件。

在图 2-1 中，如果我们把由两个自旋相反电子所组成的光量子用电磁场描述，那么电磁场图像就可以用交替变化的电力线和磁力线所组成的横波振动电磁场描绘出来。按右手螺旋定则，这种电磁场描述的是自己运动的偏振光量子。因此，我们可以得出初步结论："虚无空间"根本不存在，粒子通过场与周围环境发生物质交换，由于场的不对称性质，是反冲力推动了粒子的运动。因为粒子外抛物质的瞬时速度与粒子本身速度以矢量相加，所以粒子又带走了场。就是说，粒子与空间同是电磁场的负载者。如果用麦克斯韦方程组来描述电磁场，就可以归纳为下面的方程组：

$$\oint_L \boldsymbol{E}\,\mathrm{d}\boldsymbol{L} = -\iint_S \frac{\partial \boldsymbol{B}}{\partial t}\cdot \mathrm{d}\boldsymbol{S} \tag{3-54}$$

$$\oint_L \boldsymbol{H}\,\mathrm{d}\boldsymbol{L} = \iint_B \left(\dot{J} + \frac{\partial \boldsymbol{D}}{\partial t}\right)\cdot \mathrm{d}\boldsymbol{S} \tag{3-55}$$

同样的，在通电导线中任何电流的变化都在周围空间产生变化的磁场。图 3-6 中表示的是：①在通电导线周围，电力线分别沿正电流方向或自由电子运动方向平移，使只有按一定自旋取向的"磁微子"才能停留在导线周围形成涡旋磁场。而具有不同自旋取向的"磁微子"不是沿电力线"爬动"侵入导线，就是离开导线，形成电磁场的自感和互感。②在磁场中垂直于磁力线放置的载流导线，由于电力线沿正电流或自由电子运动方向平移，致使侵入导线两侧物质的数量不同。依据反冲力作用原理，按左手定则来判定载流导线受安培力的方向。③当导线依速度 v 切割磁力线吸收"磁微子"时，有多余的旋转切线动量在时间差中转化为正电流的运动。以右手定则判定感应电流方向。上述分析表明，电磁场与实体的相互作用也可以用牛顿力学或相对论力学来描述。

不管电磁波与媒质中传播的弹性波在表面形式上差异怎样大，

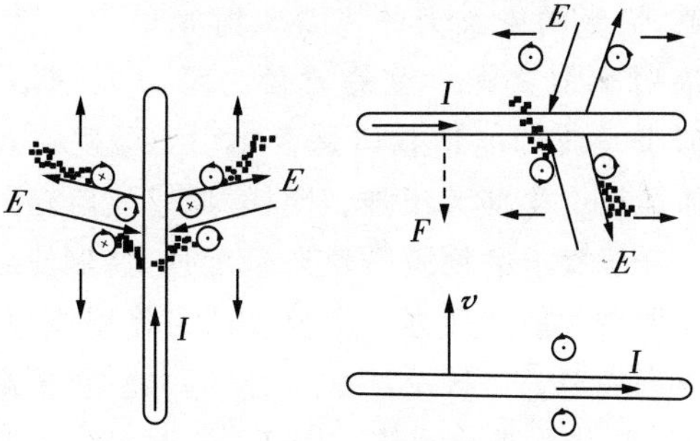

图 3-6 电流与磁场

作为粒子群运动的干涉规律对统计描述的驻波原理仍同样适用。例如,作为偶极子的天线就是在驻波条件下,以交流低频调制波包的方式辐射无线电波光量子的。这时电磁波辐射能量的方向(伍莫夫-坡印亭矢量)总是在接近垂直于导线的扇面上(发射光量子)。一般认为,做均匀运动的球形带电粒子,电力线在法线方向聚集就是按上述的图形。而实际在交流通电导线周围的电力线移动要比上述图形复杂得多。为了避免误解,指出这一点特别重要。

由于相对论和量子力学描述电磁场的数学方法的特殊性,使我们很难以真实的电磁场图像来加以说明。但是,当我们引入反冲力作用原理来分析这些理论时,就会发现现存理论中的某些深刻的矛盾。因此,物理学对引力场与电磁场的认识并没完结。将来统一场论必定是粒子与波动相统一的图像。

早在 1916 年,爱因斯坦就根据弱场近似预言了万有引力波的存在。但最初关于引力波的理论是同坐标选取有关的,以致引力波到底是引力场固有的性质,还是某些虚假的坐标效应,以及引力波是否带走能量等问题,长时间没有被澄清。直到 20 世纪 50 年代末,同坐标选取无关的引力波辐射理论才开始形成。从物理图像上看,一般认为,引力波是在真空中以光速传播的横波。引力波也具有物质最普遍的性质——波粒两象性,它携带能量而穿透能力极强,等等。20 世纪 70 年代初,有人宣称探测到了可能是来自太空的引力波信号。但是,以后没有人能够重复得到这一信号。

我们知道，恒星的中心天体主要辐射光量子。那么，原子核的中心是否也辐射类似这样一种静质量为零、自己推进的双粒子偶呢？这种类似于光波的能量载体是否是引力波呢？我们可以观察到光波对物质微粒产生很大压强。同样，原子核所辐射的引力波也应对空间中一定层次上的物质微粒产生压强，这就使原子沿引力波入射方向侵入物质的能力加强。根据反冲力作用原理，引力波对物体的作用应永远表现为一种反冲吸引力。因此，从更高的物质层次上看，光量子也是引力波的载体。因为，这类双粒子偶具有自己推进的性质，所以，它们很少被恒星吸收。因此，可以用球状物体的总质量集中在质心上的质量来描述万有引力场。即引力波量子在球面上的密度与波球面半径平方成反比，与辐射体的质量成正比，其激发能力也与接收物体的质量成正比。所以，万有引力波场是不受空间性质影响的"长程激发"透入场，它的引力表达式应写成：

$$F=\frac{Gm_1m_2}{r^2}$$

估计原子核所辐射的"小光量子"的质量在 10^{-60} kg 以下，它们的速度可能超过光速，而且有极强的穿透力。

3.6 洛仑兹力

只有当我们熟悉了反冲力作用原理、电场作用原理和磁场作用原理后，才有可能深入地研究带电粒子沿垂直于磁场方向运动时，受洛仑兹力的微观机理。

图 3-7 中，沿磁力线或逆磁力线方向运动的"磁微子"具有自旋角动量。按右手螺旋定则，"磁微子"的角动量 $\boldsymbol{L}$ 与磁力线指向相同，为指向纸面向上。

1)图 3-7(a)中所示为带正电荷 q、总自旋角动量为零的球体。球体沿垂直于磁力线方向，相对惯性系以速度 v 做惯性运动。

因为带电球体外抛物质微粒相对球体的瞬时速度(平均值)为光速 c，相对惯性系，c 要与 v 以矢量相加，所以在球体的电力线上运动的物质微粒的速度方向将发生偏斜。

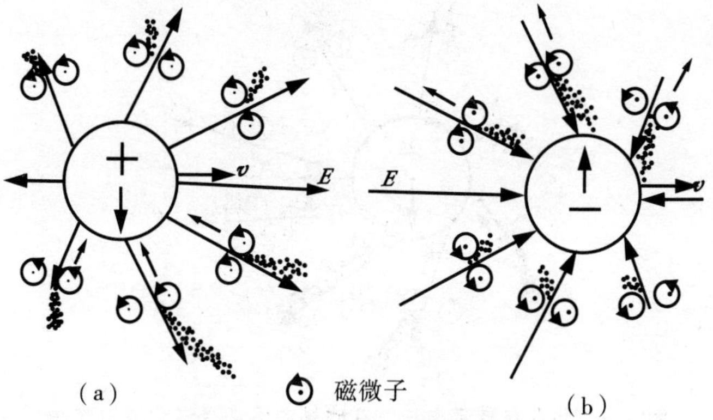

图 3-7 无自转带电球体在磁场中运动受洛仑兹力作用

由于"磁微子"是单独存在的小旋涡体,所以它与超低温状态下的"反自旋原子"具有类似的特征;在自旋反冲力作用下,它沿本身自旋的反方向做高速整体转动。由于这种特性,使在图 3-7(a)中的"磁微子"只能沿电力线方向的左侧侵入球体(右侧"磁微子"的物质流向与电力线上物质流向相反)。因为,从总体上看,电力线 E 是沿球体运动速度 v 方向向前推进的,所以,在球体运动方向的右侧,"磁微子"与电力线结合的"游离键"强,使侵入球体的"磁微子"数量相对增多(与左侧相比)。按反冲力作用原理,带正电荷、无自转的球体沿垂直于磁力线方向运动时,受洛仑兹力方向应由左手定则判定。

运动的带电球体是在反冲抛射物质中获得加速度的。在图 3-7(a)中,带电球体外抛物质相对惯性系瞬时合成速度的最大值是 $c+v$,最小值是 $c-v$,它们共同制约着球体的运动状态。按几何平均值原则,应该以 $\sqrt{(c+v)(c-v)}$ 的值描述球体受洛仑兹力的尺度。所以,在图 3-7(a)所示的情况下,我们将带电球体受洛仑兹力的表达式写成:

$$\boldsymbol{F}_0=q\cdot\boldsymbol{v}\times\boldsymbol{B}\sqrt{1-\left(\frac{v}{c}\right)^2} \tag{3-56}$$

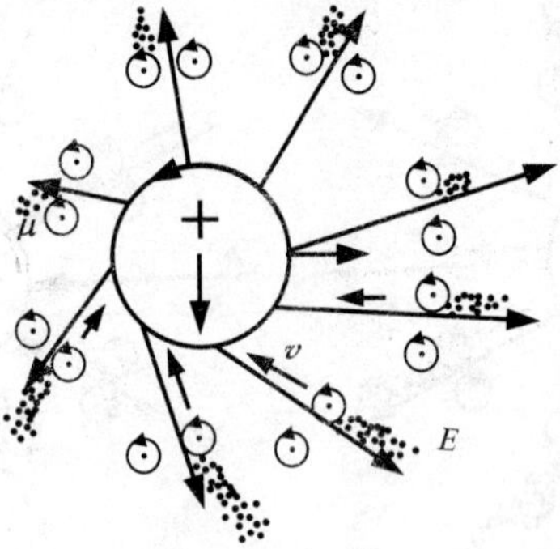

图 3-8　同向自转带电球体在磁场中运动受洛仑兹力作用

2)假定带正电荷 q 的球体在垂直于磁场方向做自转,其平均自转线速度是 μ,它的自转取向与“磁微子”自旋取向相同。

在图 3-8 中,令带电球体沿垂直于磁力线方向相对惯性系以速度 v 做惯性运动,有 $v<c,\mu<c$。

在图 3-8 中,自转带电球体外抛物质相对球体的瞬时速度为 c,相对惯性系 c 要与 v 和 μ 以矢量相加,因而造成了沿球体运动方向的左侧与右侧电场强度 $\boldsymbol{E}$ 矢量值大小和方向的不对称。与图 3-7(a)中无自转带电球体相比,沿球体运动方向的右侧侵入球体的“磁微子”数量相对增加更多($\boldsymbol{E}$ 值增大)。按反冲力作用原理,图3-8中带正电荷的自转球体受洛仑兹力方向仍由左手定则判定。

在电力线上,球体外抛物质的瞬时速度合成矢量最大值是

$$\sqrt{c^2+\mu^2}+v$$

最小值是

$$\sqrt{c^2+\mu^2}-v$$

两者的几何平均值是

$$\sqrt{c^2+\mu^2-v^2}$$

据公式(3-56),应将带电自转球体受洛仑兹力的表达式写成:

$$\boldsymbol{F}_\mu=q\cdot\boldsymbol{v}\times\boldsymbol{B}\sqrt{1+\left(\frac{\mu}{c}\right)^2-\left(\frac{v}{c}\right)^2} \tag{3-57}$$

3)改变图 3-8 中的磁场方向,在其他给定条件不变时,图 3-9 表

明,这时带电球体自转方向相对“磁微子”自旋取向相反,使“磁微子”只能沿电力线方向的右侧侵入球体。因为在球体运动方向的右侧电场强度大于左侧,所以公式(3-57)不能用于对这种情况的描述。

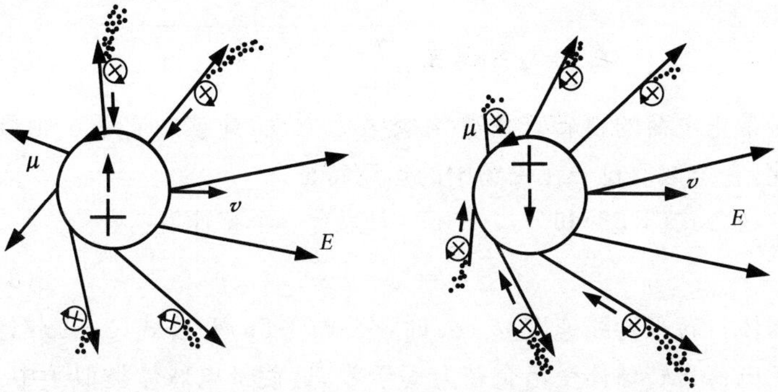

($v=0.5c$　$\mu=0.5c$)　　($v=0.95c$　$\mu=0.5c$)

图 3-9 “反向自转”带电球体在磁场中运动受洛仑兹力作用

当 $\sqrt{c^2-v^2}>\mu$ 时,取起主导控制作用的合成矢量的最大值:

$$\sqrt{c^2-v^2}+\mu$$

最小值:

$$\sqrt{c^2-v^2}-\mu$$

两者的几何平均值为:

$$\sqrt{c^2-v^2-\mu^2}$$

将公式(3-56)写成:

$$\boldsymbol{F}_v=q\cdot\boldsymbol{v}\times\boldsymbol{B}\sqrt{1-\left(\frac{v}{c}\right)^2-\left(\frac{\mu}{c}\right)^2}\tag{3-58}$$

这时带正电荷的自转球体受洛仑兹力方向还是由左手定则判定。

在图 3-9 中,当 $\mu>\sqrt{c^2-v^2}$ 时,取起主导控制作用的合成矢量的最大值:

$$\mu+\sqrt{c^2-v^2}$$

最小值

$$\mu - \sqrt{c^2 - v^2}$$

两者的几何平均值是：

$$\sqrt{\mu^2 + v^2 - c^2}$$

将公式(3-56)写成：

$$\boldsymbol{F}_{(v)} = q \cdot \boldsymbol{v} \times \boldsymbol{B} \sqrt{\left(\frac{\mu}{c}\right)^2 + \left(\frac{v}{c}\right)^2 - 1} \tag{3-59}$$

这时带正电荷的自转球体受洛仑兹力方向，应该由右手定则判定。因此，它类似反粒子在磁场中的运动特征。

在公式(3-58)和公式(3-59)中都有一个特征值：

$$\mu_0 = \sqrt{c^2 - v^2} \tag{3-60}$$

当球体自转平均线速度 $\mu = \mu_0$ 时，公式(3-58)和公式(3-59)都给出带正电荷自转球体受洛仑兹力等于零，这使带电球体类似于中性粒子在磁场中的运动特征。我们称 μ_0 是“临界速度”。

根据对称原理，对带负电荷 q 的球体，改变图 3-7、图 3-8、图 3-9 中电场强度 $\boldsymbol{E}$ 矢量的方向及大小($\boldsymbol{E}$ 矢量表示的物质波的群速)，则互为对称的反粒子在垂直于磁力线方向运动时，判定球体受洛仑兹力的方向应由左手定则改为右手定则，或者相反。其定量公式仍由式(3-56)、式(3-57)、式(3-58)和式(3-59)给出。

从图 3-7(b)中可以看到，对于带负电荷球体，“磁微子”逆电力线离开球体方向运动。当球体运动时，侵入球体的物质量取决于其左、右两侧物质所受阻力不同。

于是，我们得出下述初步结论：

1)在磁场中沿垂直于磁力线方向运动的带电粒子受洛仑兹力大小及方向，除与它们所带电荷符号有关外，还与粒子相对磁场的自转取向有关。带同号电荷的“左转粒子”与“右转粒子”，在同一磁场中沿垂直于磁场的方向自转，并沿该方向运动时，其运动轨道取“左”“右”非对称的形式。就是说，它们是正反粒子对。

2)沿垂直磁场方向平面自转，其自转取向相对磁场自旋相反的带电粒子，沿垂直磁力线方向运动时，当它的平均自转线速度 μ 大

于或等于临界速度 μ_0 时，则表现为反粒子或中性粒子在磁场中的运动特点。判别这类粒子的实验方法是，在没有弹性碰撞的条件下，改变这类粒子所在真空磁场的方向。对反粒子，改变磁场方向后，它的偏转方向并不改变，只是轨道曲率半径改变的比值为

$$\frac{R_{(v)}}{R_{\mu}} = \frac{F_{\mu}}{F_{(v)}} \tag{3-61}$$

对表象的中性粒子，改变磁场方向后它将发生偏转，其所受洛仑兹力变为 F_{μ}。

总之，在电场与磁场的相互作用中，“磁微子”沿电力线方向“爬动”以及导体切割磁力线，或是“磁微子”沿正电流方向在导体外按自旋取向等，都是电磁现象中最重要的粒子与场作用的方式。特别是在低温超导态下，上述反冲力的作用是一切现象产生的根源。

3.7　四分量波函数的几何平均值

薛定谔方程是根据下列粒子的能量及动量间非相对论关系建立起来的。

$$\varepsilon = \frac{p^2}{2m_e} + U \tag{3-62}$$

因此，这一方程一般只适用于描述电子团或基本粒子团的速度 v 远小于光速 c 的情况。在电子加速器中，电子团的速度接近光速时，对总自旋角动量为零的电子团，它的能量耗散和动量耗散的表达式是

$$E = \frac{m_e c^2}{\sqrt{1 - \left(\frac{v}{c}\right)^2}} \tag{3-63}$$

$$p = \frac{m_e v}{\sqrt{1 - \left(\frac{v}{c}\right)^2}} \tag{3-64}$$

根据上面两个式子，有

$$\left(\frac{E}{c}\right)^2 = \frac{m_e^2 c^2}{1 - \left(\frac{v}{c}\right)^2} \tag{3-65}$$

$$p^2 = \frac{m_e^2 v^2}{1-\left(\frac{v}{c}\right)^2} \tag{3-66}$$

将(3-65)式和(3-66)式的等号两边分别相减,得到

$$\left(\frac{E}{c}\right)^2 - p^2 = m_e^2 c^2 \tag{3-67}$$

$$E = \sqrt{c^2 p^2 + m_e^2 c^4} \tag{3-68}$$

(3-68)式是相对论波动方程描述总自旋角动量为零的电子能量的基本关系。正如在前一节中我们所指出的,电子团的能量不但与它的速度有关,而且还与它们的自转平均线速度 μ 有关。即自转电子团的相对论能量表达式具有选择几何平均算符的统计意义。为此,必须说明公式(3-56)、公式(3-57)、公式(3-58)、公式(3-59)中平方根所代表的意义。

我们看到,自转的带电粒子在磁场中运动时,受洛仑兹力的表达式中包含了 3 个速度变量 c、v、μ,这表明电磁场相互作用的状态是由带电粒子的 3 个速度矢量合成而决定的。然而,就统计的平均意义来说,我们应选择几个自由度呢? 在最简单的情形下,我们选择了 4 个自由度。要写出自转粒子团的相对论耗散能量和动量表达式,我们定义下面完全相似的几何平均值算符,这些算符对计算粒子能量统计平均值的作用是类似的。它们是

$$\left.\begin{aligned}
&\frac{1}{c}\sqrt{(c+v)(c-v)}=\frac{1}{c}\sqrt{c^2-v^2}\\
&\frac{1}{c}\sqrt{(\sqrt{c^2+\mu^2}+v)(\sqrt{c^2+\mu^2}-v)}=\frac{1}{c}\sqrt{c^2+\mu^2-v^2}\\
&\frac{1}{c}\sqrt{(\sqrt{c^2-v^2}+\mu)(\sqrt{c^2-v^2}-\mu)}=\frac{1}{c}\sqrt{c^2-v^2-\mu^2}\\
&\frac{1}{c}\sqrt{(\mu+\sqrt{c^2-v^2})(\mu-\sqrt{c^2-v^2})}=\frac{1}{c}\sqrt{\mu^2+v^2-c^2}
\end{aligned}\right\} \tag{3-69}$$

令,式(3-69)等式右边的算符依次是 α_0、α_1、α_2、α_3,于是,电子团的相对论能量耗散的表达式就可以写成:$\frac{1}{\alpha_0}=\gamma_0$,$\frac{1}{\alpha_1}=\gamma_1$,$\frac{1}{\alpha_2}=\gamma_2$,

$\frac{1}{\alpha_3}=\gamma_3$，有：

$$E_{\psi}=\begin{Bmatrix}\gamma_0\\ \gamma_1\\ \gamma_2\\ \gamma_3\end{Bmatrix}m_{\mathrm{e}}c^2 \tag{3-70}$$

相对论动量耗散的表达式可写成：

$$p_{\psi}=\begin{Bmatrix}\gamma_0\\ \gamma_1\\ \gamma_2\\ \gamma_3\end{Bmatrix}m_{\mathrm{e}}v \tag{3-71}$$

为什么在很多种几何平均值的组合中，我们只选择了四分量的统计值呢？因为，该四分量是控制粒子场状态的真实波函数，这些算符都不是对称互易的。因此，它们与狄拉克的电子相对论波动方程的四分量波函数具有完全不同的形式。因为这些算符是从研究粒子场状态的分析力学角度被提出来的，所以，它们都有确定的物理含义。

在狄拉克理论中，把自由电子的能量本征值写成对称的形式：

$$\varepsilon=\pm\sqrt{c^2p^2+m^2c^4} \tag{3-72}$$

但是，在自然界中，我们并没有看到这种具有负能量及负质量的电子。因此，正电子或反质子在狄拉克理论中的表现是十分神秘的。实际上，自然界可能根本不存在带单位正电荷的正电子或是带单位负电荷的反质子。而粒子和“表象的反粒子”能量的本征值总是不对称的。当我们引入上面一些几何平均算符时就会发现，关于粒子与反粒子的对称性问题可能不像以往理论想象的那么简单。

3.8 关于正电子的实验研究

从1932年安德森(C. D. Anderson)发现正电子至今已过去70多年了。随后，反质子的发现，使人们更加体会到了这些粒子的复杂性。

我们已指出，仅根据带电粒子在磁场中的偏转方向来判断这些粒子所带电荷符号，可能会导致错误。因为，从理论上讲，如果有足够强度、低能量的正电子束流，让它们通过垂直或水平方向的高压静电场，即可方便地判定正电子所带电荷符号。但是，这在实验上却是非常困难的。下面以表 3-2 来说明临界速度 $\mu_0=\sqrt{c^2-v^2}$ 与其他速度的关系。

表 3-2

v/c	0.9	0.99	0.999	0.9999	0.99999	0.999999	0.9999999	0.99999999
μ_0/c	0.43	0.14	0.04	0.01	4.5×10^{-3}	1.4×10^{-3}	4.5×10^{-4}	1.4×10^{-4}

如果正电子是带负电荷高速自转的电子团，从表 3-2 中看，只有当它们的平均自转线速度 $\mu>\mu_0$ 时方能出现，但这时它们的运动速度 v 实质上已达到光速。理论分析还表明，正电子可能是由 3 个电子在 E 平面上结合的自旋电子团(图 3-11)。正电子的自转只能在高能粒子间的碰撞中产生，而不可能在加速电场中产生。因此，具有高速自转线速度的电子团是稀有的。

用高能粒子轰击靶产生正电子，要大幅度提高正电子的产生几率，就需要提高轰击粒子的能量。要降低临界速度 μ_0 值，又必须提高正电子的运动速度。因为，正电子在与其他粒子碰撞时很容易改变自己的自转取向或平均自转速度 μ，或者解体变成 2 个或 3 个偏振的 γ 光量子辐射。所以，正电子现象和其他不稳定的基本粒子群一样变幻莫测，很难重复测量。

在现代正负电子对撞机上，用直线加速器向对撞机注入经打靶后被预加速的正电子的初始能量已达到 1.3GeV。利用公式(3-63)计算，这时正电子的运动速度已经达到：

$$v=0.99999992c$$

按公式(3-60)计算，这时的临界速度为

$$\mu_0=4\times10^{-4}c$$

在图 3-10 中，用直线加速器向对撞机储存环注入电子团和正电子。如果采用图中的磁场导引来分离正、负电子团的话，无论我

们怎样在输送管道周围设置磁场，都不可能使正电子不与管道壁碰撞。所以，到达对撞机储存环 B 点上的电子团，基本上全都是经过与导引管壁碰撞后进入储存环的。

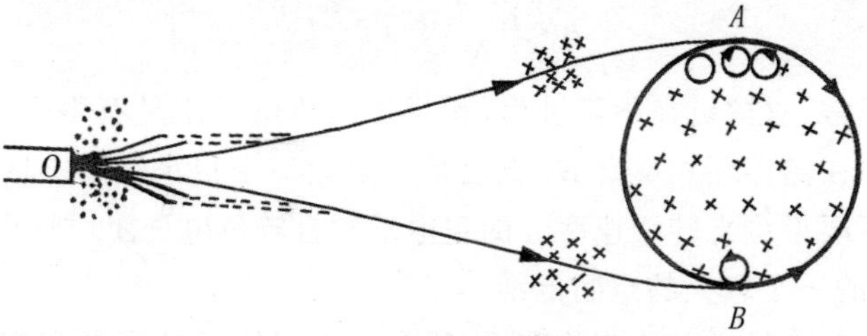

图 3-10　正负电子对撞机原理图

在图 3-10 中的对撞机储存环 A 点上，有 3 种电子团可以进入储存环，按图中顺时针方向回转而成负电子团。根据它们的运动速度 v 和平均自转线速度 μ 不同，可分为：

1)总自旋角动量等于零的无自转电子团。据公式(3-56)，它们在储存环真空盒中的回转轨道曲率半径为 R_0。

$$R_0 = \frac{m_e v}{e \cdot B\sqrt{1-(\frac{v}{c})^2}} \tag{3-73}$$

2)电子团的自转取向与储存环磁场自旋取向相同的负电子，它们的回转轨道曲率半径是 R_μ。据式(3-57)，有

$$R_\mu = \frac{m_e v}{e \cdot B\sqrt{1+(\frac{\mu}{c})^2-(\frac{v}{c})^2}} \tag{3-74}$$

3)电子团的平均自转线速度 $\mu < \mu_0$，其自转取向与储存环磁场自旋方向相反。据式(3-58)，它们的回转轨道曲率半径是 R_v。

$$R_v = \frac{m_e v}{e \cdot B\sqrt{1-(\frac{v}{c})^2-(\frac{\mu}{c})^2}} \tag{3-75}$$

在图 3-10 中对撞机储存环 B 点上，只有自转取向与储存环磁场自旋方向相反，平均自转线速度 $\mu > \mu_0$ 的自转电子团成为正电子，

它们在储存环真空盒中沿图中逆时针方向回转。据式(3-59),它们回转轨道的曲率半径

$$R_{(v)} = \frac{m_e v}{e \cdot B \sqrt{(\frac{\mu}{c})^2 + (\frac{v}{c})^2 - 1}} \tag{3-76}$$

通常,对撞机在积累过程,无自转的负电子团具有很强的束流,被集中在储存环真空盒 R_0 轨道半径附近一个很小线度的区域。而对应不同平均自转线速度 μ 的正电子和自转负电子团,则分布在 $R_0 \pm \Delta L$ 的一个较大的空间范围。

当对撞机进入加速状态后,所有的电子团都被高频交变电场共同加速。由于逐渐升高的磁通密度的"同步",使 R_0 基本上保持不变。但是,自转的正电子或负电子团却不能被磁场"同步",所以,使它们经常脱离原来的回转轨道而相互交叉碰撞,并在碰撞中经常改变自己的平均自转线速度 μ,有的甚至与真空盒壁相撞,而造成了对撞机的同步辐射。因此,对撞机的同步辐射光是电矢量垂直于储存环磁场方向的全偏振光。

在正电子与负电子团对撞过程中,可产生 π 介子、μ 介子和其他种类的基本粒子。分析起来,这些粒子都是由电子团分散而成的形态各异的电子链条。从总体上看,对撞机在加速状态下,真空盒中存在着各种具有不同平均自转线速度 μ 的电子团,它们处在经常变动的动态平衡中。为了说明对撞机的工作过程,下面以我国第一台正负电子对撞机的运行参数为例进行计算。

1)对撞机在积累过程,由直线加速器注入储存环的电子团或正电子初始能量是

$$E_1 \approx 1.28\text{GeV}$$

这时电子团或正电子的运动速度是

$$v_1 \approx 0.99999992c$$

对撞机真空盒的曲率半径是

$$R = 10.345 \text{ m}$$

按式(3-73)计算,这时加给对撞机储存环磁场的磁通密度是

$$B_1 = 0.412\text{T}$$

如果让正、负电子团在初始能量上对撞，据式(3-73)和式(3-76)，应该有

$$\left(\frac{\mu}{c}\right)^2 + \left(\frac{v}{c}\right)^2 - 1 = 1 - \left(\frac{v}{c}\right)^2 \tag{3-77}$$

$$\mu = \sqrt{2(c^2 - v^2)} \tag{3-78}$$

将 $v = v_1 = 0.99999992c$ 代入(3-78)式，求出正电子的平均自转线速度为

$$\mu_1 = 5.657 \times 10^{-4} c$$

2)对撞机在加速状态结束后，电子团或“正电子”的能量增加到

$$E_2 \approx 2.86\ \text{GeV}$$

按公式(3-63)计算，这时电子团或“正电子”的运动速度为

$$v_2 = 0.999999984c$$

要保持 $R_0 = R = 10.345$ m 不变，据式(3-73)计算，这时对撞机储存环的磁通密度应增加到 B_2

$$B_2 = 0.922\ \text{T}$$

在式(3-76)中，当 $B = B_2, R_{(v)} = R_0, v = v_2$ 时，据式(3-78)计算，这时正电子的平均自转线速度为

$$\mu_2 = 2.53 \times 10^{-4} c$$

根据上述分析，为了用实验判定正电子所带电荷的符号，建议在对撞机上进行下述实验。

1)在图 3-10 中，同时改变对撞机储存环的磁场方向和磁通密度。关闭负电子团的传输通道 OA，从 OB 通道单边注入正电子到储存环。图 3-10 中表示经导引管壁散射后，改变了其相对自转取向后到达储存环 B 点的“右转电子团”。当图 3-10 中储存环磁力线为指向纸面向下时，“右转电子团”是以正电子的身份，按左手定则进入储存环的。当储存环改变磁场方向为磁力线指向纸面向上时，“右转电子团”又以负电子团的身份，按右手定则进入储存环。

要在改变储存环磁场方向后，保证“右转电子团”仍能在储存环的真空盒中回转，这时储存环的磁通密度应设定在 B_3 上。假定“右

转电子团”的自转平均线速度是 $\mu_1 = 5.657\times10^{-4}c$，据式(3-73)和式(3-74)，$B_3$ 应为：

$$B_3 = \frac{B_1\sqrt{1-(\frac{v_1}{c})^2}}{\sqrt{1+(\frac{\mu_1}{c})^2-(\frac{v_1}{c})^2}} \tag{3-79}$$

将 $v_1 = 0.99999992c$，$B_1 = 0.412\ \mathrm{T}$，$\mu_1 = 5.657\times10^{-4}c$ 代入上式中，求出 B_3 为

$$B_3 = 0.238\ \mathrm{T}$$

改变储存环磁场方向并将磁通密度设定在 B_3 上之后，测量正电子的积累时间。如果在预定时间内，正电子在储存环中仍达到一般束流强度，则说明正电子带负电荷。因为，如果它带正电荷的话，按左手定则就不可能进入储存环。

2)为了检验公式(3-74)、公式(3-75)、公式(3-76)，应设法在不与导引管管壁碰撞的条件下，将“单色”的自转电子团引出到对撞机外设的“真空”磁场中。实验中改变外设磁场方向或磁通密度，观察正电子在通过正、反磁通密度相等的磁场时，它们运动轨道的曲率。

也许只有当我们真正地解决了场源的理论问题之后，才有可能深入研究基本粒子的结构问题。许多宏观现象和微观现象的规律在本质上都是一样的，在这些现象的背后肯定有更深层的决定性的自然法则，只不过有些原理尚未被我们所认识。

3.9 基本粒子结构

构成原子的电子、质子很早前便已被人们发现，它们同光子一起成为最早的基本粒子。近 1 个世纪内，基本粒子的概念经历了几次重大的改变。1932 年发现了中子，人们把电子、质子和中子看成是构成原子的基本组分。可是，随着物理学的进展，在这以后又发现了正电子和中微子。同一时期 μ 介子和 π 介子相继被发现，并陆续发现了一批共振态“奇异”粒子。随着高能加速器的能量不断提高，上百种短寿命的粒子，连同这些粒子的反粒子，数目和品种之多

达到了惊人的地步。各类粒子的性质差别如此之大，使人们愈来愈体会到物质层次的复杂性了。近来，物理学界倾向于把以前称作基本粒子的物质统称为粒子（或亚原子粒子）。越来越多的物理学家认为，基本粒子的提法是不正确的，物质结构有不同的层次，最终的层次很可能不存在。

在这许多粒子中一些是很稳定的，例如电子、质子几乎没有衰变现象。而大部分基本粒子从它们的衰变产物上看，似乎很像同一种粒子所组成的粒子团，但是从它们的运动特征上看却又都截然不同。基本粒子的结构问题一直困扰着理论物理学界。近年来，解释基本粒子内部结构的层子或夸克模型虽然在某些方面非常成功，但是，经过大量的探索却一直没有得到实验上确切的证明。

目前已发现的粒子，可以按它们的性质分为光子、轻子、介子、重子四类。介子和重子又合称为强子。强子有着内部结构，已为实验所证实。我们已经对光量子结构、电子团结构作了很多讨论，从光量子与电子团和某些基本粒子间的相互转换关系上，只能作出下述合理的判断。

在图 3-11 中表示的最常见的介子中，π 介子是由奇数个单电子（一般是 5 个），在 E 平面上结合的不稳定电子链条。而 μ 介子则是由偶数个单电子（一般是 4 个），在 E 平面上结合的不稳定电子链条。正电子或负质子很可能是由 3 个在 E 平面结合的高速自旋粒子团组成。

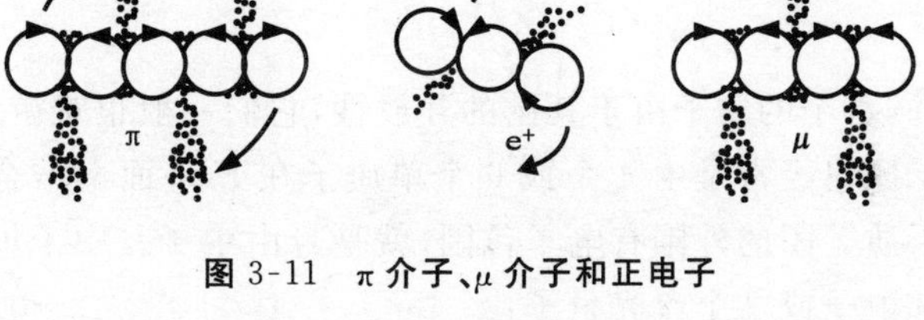

图 3-11　π 介子、μ 介子和正电子

从图 3-11 中看到 π 介子的结构特征是：在电子链条两边端的键的物质“喷射口”的反冲力作用方向相反，使 π 介子在惯性运动中做高速转动。根据 π 介子自转平均线速度大小和相对磁场自旋取向的不同，它在磁场中运动时的偏转方向也不同，表现为π^+、π^-、π^0介子。实际上这三种π介子都带负电荷，不同的仅仅是它们的总自转角动量有不一样的状态。

由于μ介子是由偶数个单电子组成的电子链条，所以，在链条两边端键的物质“喷射口”的反冲力作用方向相同。这使μ介子的表现更为奇特。由于在电子链条两边的助推力不对称，使μ介子很容易沿直线运动方向往左或往右偏斜。因此，我们只能观测到所谓μ^+介子和μ^-介子，而没有发现μ^0介子。

当π介子或μ介子与其他粒子碰撞，或它的速度减慢时，其主要衰变方式为

$$\pi^0 \rightarrow 2\gamma$$

$$\pi^+ \rightarrow \mu^+ + \nu$$

$$\pi^- \rightarrow \mu^- + \nu$$

$$\mu^+ \rightarrow e^+ + \nu$$

$$\mu^- \rightarrow e^- + \nu$$

从π介子和μ介子的电子链条结构上看，上述衰变是很自然的。因为这些电子链条只能在高速运动中稳定存在，一旦速度变小了，它们马上会变成电子团或转换成2个或3个光量子辐射。所以，它们相对惯性系速度愈大，则寿命愈长。其平均寿命与相对论变换因子有关：

$$\tau_v = \frac{\tau_0}{\sqrt{1-(\frac{v}{c})^2}} \tag{3-80}$$

此外，单个的质子由于其键的开放性，它们一般很难游离存在，所以质子团也经常是由4个或6个单质子在E平面上结合成粒子团。如果质子团的外围有电子包围，就是自由中子。中子可以衰变成质子和电子或2个γ光量子：

$$n^0 \rightarrow p^+ + e^-$$

$$n^0 \rightarrow p^+ + 2\gamma$$

总之，虽然基本粒子种类繁多，但其中可被人们直接观测到的

绝大部分都是形态各异的电子团和质子团，或是它们的混合物。因此，用磁场偏转的方法去测定某些基本粒子所带电荷可能会导致错误。因为，粒子在磁场中的偏转还与它们的总自转角动量相对磁场的取向有关。只有当我们采纳“左”与“右”的概念，才能对基本粒子的结构作出理解。

3.10 弱相互作用和宇称不守恒？——对电磁场不对称性的思考

基本粒子间的相互作用可分 3 类(不包括引力)：强相互作用、电磁相互作用、弱相互作用。宇称守恒定律对强相互作用和电磁相互作用都是成立的，但对弱相互作用不成立。

第一个决定性地确定宇称不守恒的实验，是由测量 β 衰变中出射电子角分布的不对称性而被提出来的。钴-60 原子核在极低温度下(0.01K)被磁场极化，在实验中产生极化磁场，螺线管中电流的环形方向与 β 电子发射的优先方向确实以非常直接的方式，表现出左手螺旋方向与右手螺旋方向的差异。

图 3-12 中表示的占优势的电子出射方向，无需借助任何理论就可以确认宇称不守恒。因为，如果宇称守恒，或者说在一个镜像反映下的非不变性，则必须左右对称，电子出射方向左右手螺旋中两种机会相等。近年来，人们在纵向极化电子和正电子、β-γ 关联与 γ 辐射的圆极化以及除钴-60 原子核以外其他各种极化核的 β 角分布等各方面，都做了许多实验。所有的这些实验结果都证实了上述实验的主要结论。

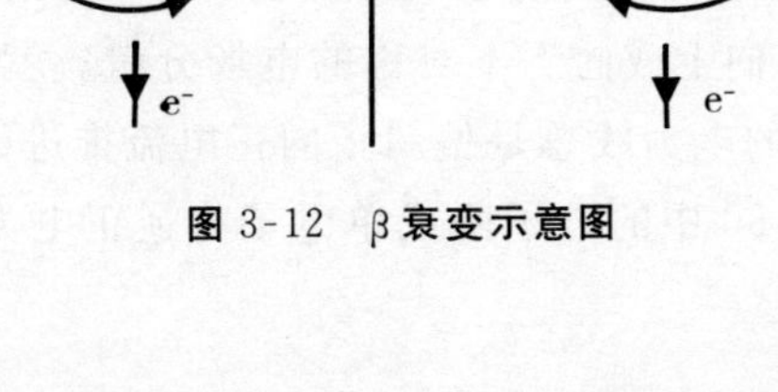

图 3-12 β 衰变示意图

由于现在已进行的一些实验还未达到可以作出结论的地步，所以，我们仍不知道这个问题应如何解答。

处在导体周围空间的带电粒子，将逆电力线向导线或离开导线做均匀直线运动。粒子的迁移方向只与它在初始位置上所受初始电场力的方向有关。

由于向导线电流正、反方向平移的电力线按波长变化，所以图 3-13 所示在通电导体周围的温度场中的这种粒子迁移现象，从本质上说是表现为“电渗”现象。

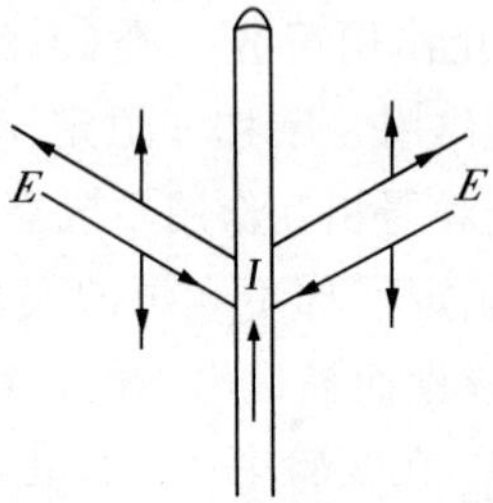

图 3-13　导线周围电力线分布

为了减小环境温度的影响，一般观察 β 衰变过程都是在极低温度(0.01K)下进行的。通常用通电螺线管产生强磁场，把钴-60 原子核自旋方向极化(即使自旋几乎都在同一方向)，然后观察钴-60 原子核 β 衰变出射电子团的方向。

现在我们考察在 β 衰变中使用的螺线管。图 3-14 中表示的是在通电螺线管最内层导线的排线方向与正电流运动方向的 4 种关联取向。从图 3-14 中可看到，若产生同方向的纵向极化磁场 $\boldsymbol{H}$，其正电流的推进方向可能不同。由于螺线管最内层导线距管轴心最近，所以，螺线管相邻外层沿反方向排线的导线在管轴心产生的电场强度总是小于内层导线的电场强度。即按常规绕制的螺线管总有一个沿管轴心向上或向下不对称的电场分量。就是说，在螺线管中心正、负平移的电力线总是偏斜指向正电流推进的方向。在 β 衰变的实验中，钴-60 中的电子团或单电子将逆正电力线向螺线管圆周外分散,逆负电力线向管中心集中。因此,实验中β衰变电子团占优势的出射方向应该永远指向图3-14中螺线管最内层导线正电流推进的方向。这是对β衰变实验中宇称问题分析后得出的全部结论。

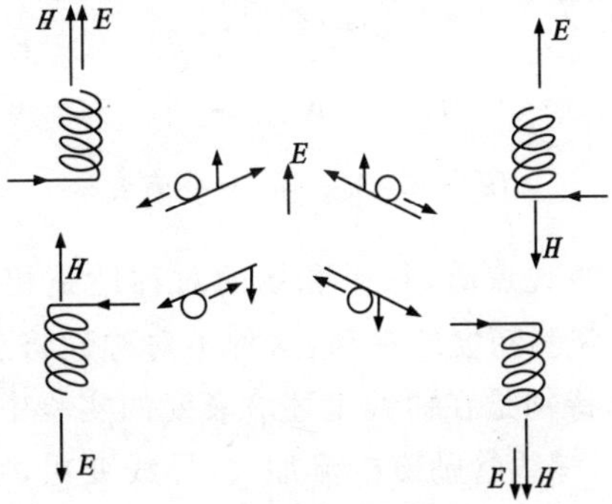

图3-14 通用螺线管轴心电场分布

为了进一步观察上述的不对称性,建议将螺线管各层导线向同一方向排线绕制(用导线在螺旋管外将各层导线串接)。采用这种螺线管可能在较高的环境温度下,就能观察到β衰变中电子团出射方向的不对称。适当地调整螺线管向上或向下排线的层数,可以在实验中观察到出射电子团方向的不对称性相关灵敏度。

在基本粒子衰变中,弱相互作用包括了许多不同的反应。现在至少已知道20多种现象中不同的独立反应。比如,从各种超子衰变到轻粒子的衰变。某些超子的自旋现在可能通过观察它们衰变中的角度不对称来明确测定。

粒子衰变最典型的情况见图3-15所示。π^-介子丢掉1个单电子,可能变成μ^-介子,μ^-介子的电子链条闭合后又可能变成e^-电子团。如果π介子电子链条的平均自转线速度大于临界速度时,则在磁场中π^+介子又可能变成μ^+介子后再变成e^+电子团。根据前面对自转带电粒子在磁场中运动时受洛仑兹力四分量波函数的统计描述公式,可以看到,当粒子自转时,量子电磁场对称的条件也不存在。

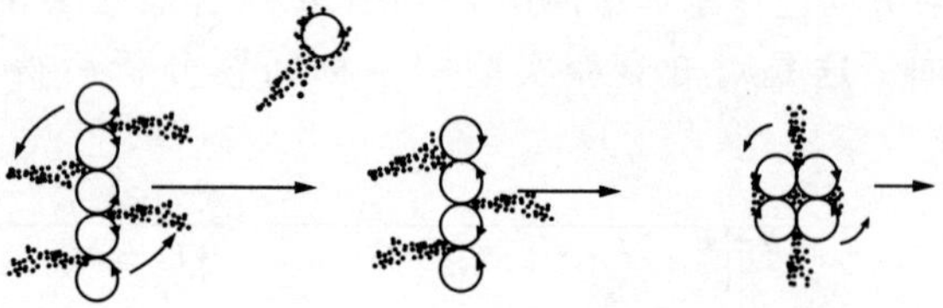

图 3-15　$\pi^- \rightarrow \mu^- \rightarrow e^-$ 衰变

从统一场论的观点看，粒子和场的对称性是相对的，而不对称是绝对的。随着观测精度的提高，这种不对称性将愈显出物质运动的非均匀性质。特别是在研究上述 β 衰变的实验中，随着纵向极化磁场强度的增大，螺线管励磁电流加大，导线变粗，宇称守恒将更加表现出不对称性。

按以往理论，通常是用四分量来描述中微子 ν。对于每一个确定的动量，有 2 个中微子的自旋状态再加上 2 个反中微子的自旋状态。并进一步假定，在 β 衰变中只发射中微子。以此来说明 β 衰变相互作用的所谓 5 个道：标量项 S、张量项 $\mathbf{T}$、矢量项 $\boldsymbol{v}$、赝标项 p 和轴矢项 $\mathbf{A}$。然而，中微子到底是一个粒子，还是一种粒子群的电磁场状态？这和图 3-14 中电磁场的 4 种不对称关联取向有什么关系？这些问题都有待进一步用实验加以阐明。在我们对自然界的探索中，也许只有通过根本改变对有关支配自然现象的原理的基本概念绝对化的认识后，才可能发现一个非常新而丰富的自然规律的领域。

3.11　结晶体

所有的结晶体都是一种生命的运动形式。从本源上说，结晶体是造就一切生命的基本运动形态。从无机物演化成有机物，从有机物进化为具有思维意识的高等动物，这一切都是由物质所固有的结晶规律所控制的。

例如，在图 3-16(a)中表示了一个二氧化硅共价键晶体的单晶面。当环境的温度降低时，在某种杂质的作用下，3个二氧化硅分子在小黄道面上互相靠近，结合成共价键的“晶核”。在“晶核”中，1个氧原子被卡在2个与它自旋相反的硅原子中央。1个硅原子在小黄道面上使氧原子向左转动，另一个硅原子则让它向右转动，于是“晶核”便处于显著的振动态。这时，围绕着“晶核”，二氧化硅分子便开始以“三端左旋螺线”绕转延伸的方式，按时空顺序结晶成单晶面。在单晶面上下两层中，硅原子在上层，氧原子在下层，以共价键密集堆积。由于氧原子旋转的单向性，使图中的“结晶螺旋线”只能向左旋方向延伸。在单晶面按时空顺序结晶过程中，一些键被先来的原子填满，挡住了后来原子而成为“空穴”。如果其中一条结晶线因分子的热运动将“空穴”填满时，则该螺旋结晶线便停止延伸。

只要按图3-16(a)中的“螺旋结晶线”去画，我们就可以找出严格定位的“空穴”的时空坐标。而整个二氧化硅单晶体就是在这个单晶面上下叠合密集堆积而成的。在晶体的光轴方向，“空穴”上下连通为“空穴通道”，构成了生命最原始的“消化道”“呼吸道”或“神经通道”。

在自然界，左旋水晶和右旋水晶是两种镜像对称、旋光方向不同的晶体，因而它们的“结晶螺旋线”左右延伸方向也不同。无论是左旋水晶还是右旋水晶，它们都有“头”和“尾”。如果把单晶体叠在最顶端的硅原子一层作为晶体的“头”，那么，在单晶体的最下端必定是由氧原子的一层作为“尾”。在以任何方式切割或研磨晶片的过程中(垂直光轴)，我们都不可能将属于一层的单晶面分子共价键破坏，所以，即便是把水晶的单晶体沿垂直光轴方向切成晶片，单晶片仍然保留着它本来的旋光特征。

以沿二氧化硅晶片光轴的逆光方向看，比如，图3-16(a)中左旋水晶片在晶片表面最上层，右旋硅原子的键处于开放状态，而使晶片上“空穴”通道入口处形成左旋的旋涡物质流。当有一个光量子从“空穴”通道入口处垂直进入通道时，受一瞬时右旋转动反冲力矩。在“晶体空穴通道”中的高真空条件下，光量子的偏振面继续向右以惯性转动。当光量子在晶片“空穴通道”出口处时，必然受到左旋氧原子开放键的右旋物质旋涡的向左反冲力矩作用，使光量子的偏振面停止转动。所以，通过晶片“空穴通道”，这一部分光量子的偏振面（E平面）转动的旋光角θ与光通过晶片的厚度成正比。将上面的左旋水晶片的光轴转动180°，底层的左旋氧原子相对入射光的反方向又变成右旋的氧原子（假定入射光线方向不变），所以，晶片的旋光方向并不改变。

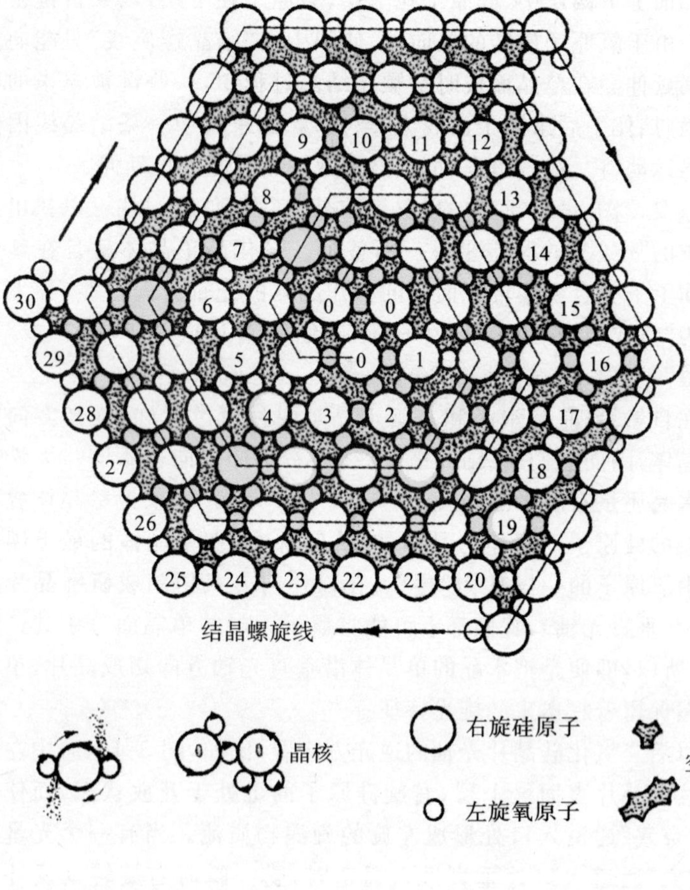

(a)

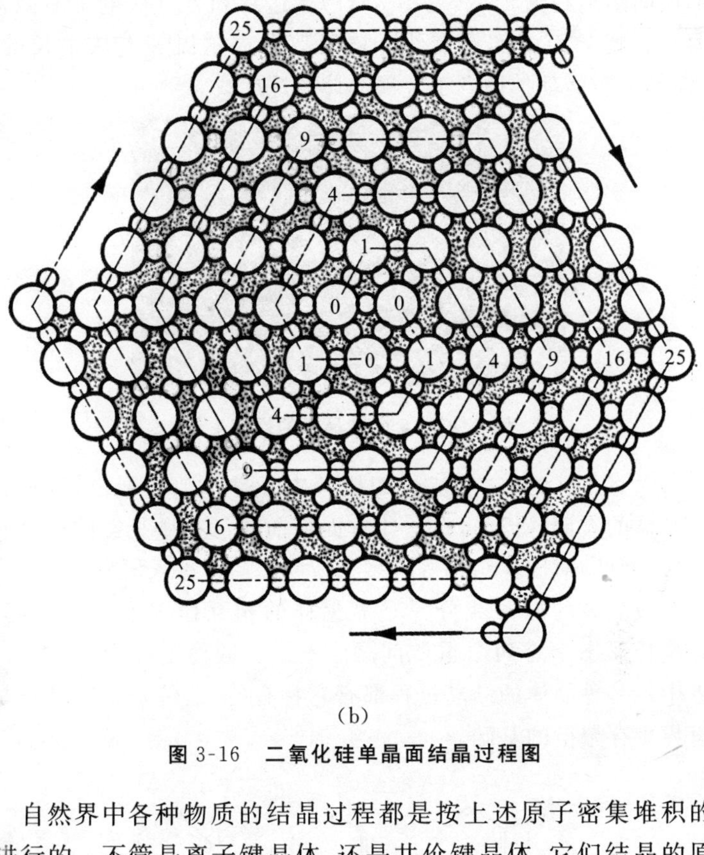

(b)

图 3-16 二氧化硅单晶面结晶过程图

自然界中各种物质的结晶过程都是按上述原子密集堆积的原则进行的。不管是离子键晶体，还是共价键晶体，它们结晶的原则是基本相同的。比如，水分子的单晶体也类似二氧化硅单晶体，也是单晶面角等于 120°的六边形。由于氧原子与氢原子的共价键结合能较小，使单晶面上外围的“空穴”区发生脱落，而形成沿六边形骨架延伸的雪花晶形。

通过具体的观察发现，晶体的成长过程并不是简单在晶体表面一层层地添上去，而是绕着一个晶轴的中心按一圈圈环绕螺旋长大的。利用光学的新技术可以在晶面上看到这些螺旋线。例如，佛梅用比相式显微镜照出了金刚砂晶体表面上成长时的几个螺旋线，它们的层间距离约为 15Å(见图 3-17)。达森和万特从电子显微镜中观察到石蜡晶面上的螺旋线。格里芬和福尔提等人从生长的铍、铬、镁晶体表面都拍摄到了金属晶体的螺旋线。

图 3-17　金刚砂晶面的螺旋生长

弗兰克尔认为,这些成长的旋转中心是一个螺旋位错,垂直于成长晶体的表面。但是,在这些方面目前还没有做足够的研究和分析工作,因此,对固体结构等许多细节问题尚待深入研究。

组成晶体的原子或分子是靠怎样的相互作用维系在一起的?晶体生长形态学有两个重要问题——形态的稳定性和对称性。自然界中每一种晶体的结晶过程都有它特有的"遗传基因",这正是物质世界生存繁衍的基础。

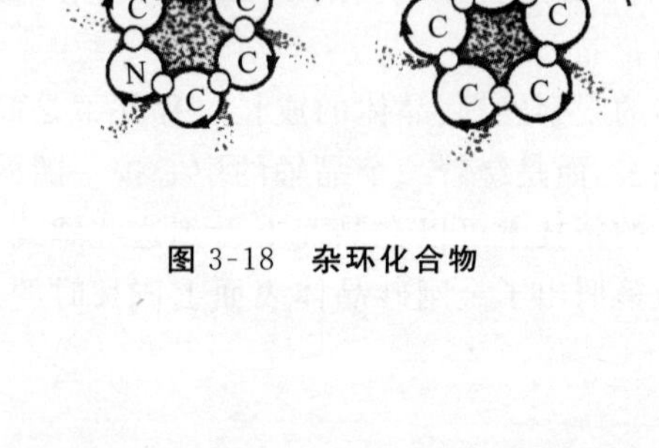

图 3-18　杂环化合物

例如，在图 3-18 中画出的是作为蛋白质合成的核酸物质。不论是 DNA，还是 RNA，它们都是由脱氧核酸或核糖、磷酸和 4 种碱基(腺嘌呤、鸟嘌呤、胞嘧啶和胸腺嘧啶)组成的。组成这类杂环化合物的环，除了碳原子外，还有氧、氮原子。而结合在环外的其他分子大基团全部是在离环较远的平伏键上呈立体排列。这些杂环化合物的环中央“空穴”都是旋光异构体。如果这些环是由电子搭桥的共价键互相连接的话，假定，在环上所有的原子都按“左旋”的自旋排列。由于结合的共价键外抛物质造成的反冲力，使环始终受一向右旋方向的扭力矩。因此，在细胞核内膜某点固定着床并开始结晶的 DNA，就会形成像搓麻绳一样的盘节或线节状的螺旋纤维 DNA。其中盘节就是核小体。DNA 被核苷酸连接，构成了 DNA 的右旋双螺旋结构。

那么有没有左手螺旋 DNA？它们在细胞核中生长，与地球的磁场与重力场方向有什么关系？结晶体的“头”和“尾”在地球势能场中怎样排列？这些问题都有待于从统一场论的理论角度作进一步探讨。

3.12 二氧化硅结晶螺旋线上分子自然序数分布与巴尔末公式

在图 3-17(b)中的二氧化硅单晶面上，3 条二氧化硅结晶螺旋线是完全对称的。二氧化硅分子在螺旋线上按时间顺序和空间坐标的分布是严格有序的。按图 3-17(b)所示去画单晶面的结晶过程是很有趣的。通过在大幅结晶图上实际计数发现，二氧化硅分子每绕晶面一周(2π)，它在主数列 A 单晶面六边形各顶角上，按时间顺序所表示的分子个数的自然数序号分别是：

$$9,36,81,144,225,324,441,576,729,900,\cdots$$

上面按时间顺序分布的分子个数自然序号可按下面公式准确算出

$$x=9m^2 \qquad m=1,2,3,4,\cdots,\infty \tag{3-81}$$

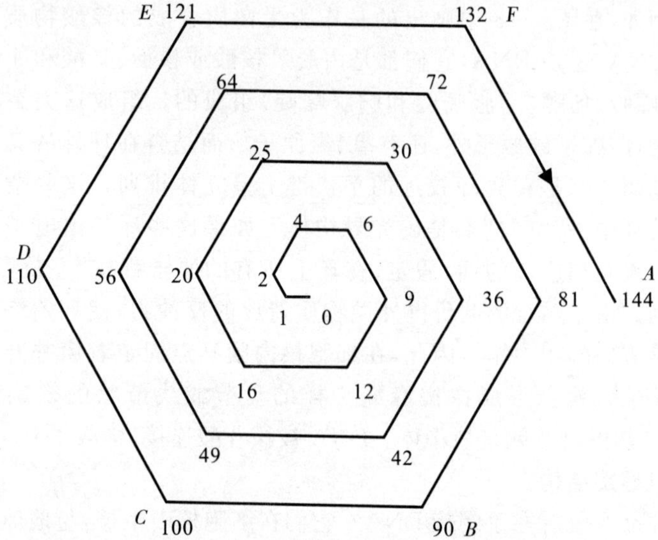

图 3-19　二氧化硅单晶面结晶螺旋线上分子的自然序数分布

图 3-19 和图 3-17(b)所示是二氧化硅单晶面的实际结晶过程计数，我们把结晶螺旋线上对应单晶面六边形各顶点上分子个数的自然序数写在下面的数列Ⅰ中。

数列Ⅰ

B	*C*	*D*	*E*	*F*	*A*	*B*
0→	1→	2→	4→	6→	9→	12→
12→	16→	20→	25→	30→	36→	42→
42→	49→	56→	64→	72→	81→	90→
90→	100→	110→	121→	132→	144→	156→
156→	169→	182→	196→	210→	225→	240→
240→	256→	272→	289→	306→	324→	342→
342→	361→	380→	400→	420→	441→	462→
462→	484→	506→	529→	552→	576→	600→
600→	625→	650→	676→	702→	729→	756→
756→	784→	812→	841→	870→	900→	930→

$$\downarrow \qquad\qquad \downarrow \qquad\qquad \downarrow$$

$$(3m+1)^2 \qquad (3m-1)^2 \qquad (3m)^2$$

$$m=0,1,2,\cdots \qquad m=1,2,3,\cdots \qquad m=1,2,3,\cdots$$

把公式(3-81)表示的数列称为主数列 A,按图 3-19 中顺时针方向旋转,对应单晶面六边形的 6 个顶点上分别有纵数列 B、C、D、E、F。各数列对应的自然数分别用 A、B、C、D、E、F 来表示。我们看到,在上面数列中,除 1 以外,全部是合数。数列 B、F、D 是偶数数列。A、E、C 是奇偶数的相间数列,在这三个数列中分子个数自然序数 A、E、C 都是用自然数的平方表示的。在数列 Ⅰ 中,描述分子个数自然序数的排列是十分有趣的,因此,深入地研究自然数在结晶螺旋线上的分布规律是数学家今后的课题。

在公式(3-81)中,称 m 是量子数。我们在 2.4 节已经指出,图 3-19 的二氧化硅单晶面结晶螺旋线与电子绕氢原子做加速进动的涡旋轨道在时空性质上是相似的。因此,可以用公式(3-81)来描述氢光谱的规律。当量子数 $m=1$ 时,对应着氢分子在第一电离电位 13.6 V 电离光谱的主振频率,共振辐射光波波长在式(2-64)中给出,为

$$\lambda_c=9.1165868\times10^{-8}\ \mathrm{m}$$

即对应自然序数 1 的波数是:

$$R_1=\frac{9}{9.1165868\times10^{-8}}=\frac{1}{1.012954089\times10^{-8}}(\mathrm{m}^{-1})$$

将公式(3-81)写成差频波数的表示式,便是氢电离光谱的波数:

$$\widetilde{\nu}=R_1\left(\frac{1}{9n^2}-\frac{1}{9m^2}\right)=R_\infty\left(\frac{1}{n^2}-\frac{1}{m^2}\right) \qquad (3\text{-}82)$$

即有里德伯常数

$$R_\infty=\frac{R_1}{9}=\frac{1}{9.1165868\times10^{-8}}(\mathrm{m}^{-1})$$

公式(3-82)中,n 可以取整数 1,2,3,4,…每一个 n 值对应着一个光谱系,在每一个线系中可以取 m 从 $n+1$ 开始的各个数值。

根据量子力学计算,只要主量子数相同、总角动量相同,其能量

就相同(称为并简),如氢原子能级 $2P_{1/2}$ 和 $2S_{1/2}$ 就并简。兰姆和雷瑟福用微波共振的方法,直接测量了这一能级的共振频率 $\Delta\nu=\frac{\Delta E}{h}$。他们测量的结果,对于 $2P_{1/2}$ 和 $2S_{1/2}$ 的移位频率 $\Delta\nu$ 分别为 (1057.930 ± 0.01) MHz 左右,这种与理论上的差值称为兰姆移位。对光波共振辐射的微观机理研究表明,在公式(2-27)中,氢原子捕获电子是以算术平均值 $\frac{v}{2}$ 来计算电子在涡旋轨道上的平均速度。在实际情况下,电子不是按线性加速的,所以,氢光谱巴尔末谱线 H_α 和 H_β 对应的差频 $\Delta\nu=\nu_\beta-\nu_\alpha$ 可能出现偏差。

显然,上述论证还有待于进一步研究。但是,我们在二氧化硅单晶面上找到了描述氢光谱规律的相似规律。

3.13 光量子在太阳引力场内偏转和水星近日点的进动

由广义相对论知道,经过质量较大的物体附近的光线,在物体的引力范围内,应向该物体的方向偏转。因为光量子是由 2 个电子组成的,所以,当光量子通过太阳边缘时要发生 φ 角的偏转。原则上,偏转角为

$$\varphi\approx\tan\varphi=\frac{g}{c}\cdot\Delta t \tag{3-83}$$

式中,g 是太阳表面重力加速度。

因为早在光量子到达太阳表面前就已经发生了偏折,所以我们取光量子在太阳直径 2 倍范围内进行计算,应该有

$$\varphi\approx\tan\varphi=\frac{g\cdot 9.29\ \mathrm{s}}{c}=1.75'' \tag{3-84}$$

式中,9.29s 是光通过太阳 2 倍直径所用的时间。

确定光经过太阳偏折这类实验所测得的偏转角 1.75″,已经证实了广义相对论所给出的结果。

$$\varphi=\frac{4Gm_{太}}{Rc^2}=\frac{g\cdot 4R}{c^2}=\frac{g\cdot 9.29\ \mathrm{s}}{c} \tag{3-85}$$

从广义相对论可以看出牛顿引力定律的不精确性。由于这一点，行星的运动规律在爱因斯坦理论中，要比经典的万有引力理论复杂得多。考虑到中心质量使它周围的时空发生弯曲，因此，用史瓦西度规来描述太阳引力场时，可以算出水星公转一周，近日点的进动量为

$$\theta=\frac{6\pi G m_{太}}{c^2 a(1-\varepsilon^2)} \tag{3-86}$$

式中，a 是水星轨道长半轴，ε 是偏心率，$m_{太}$ 是太阳质量，G 是万有引力常数。按照公式(3-86)可以算出，每 100 年水星绕太阳的进动角为 43″。

水星为什么会发生进动呢？它会不会发生"反进动"呢？如果把太阳和水星看做是一个热力学系统的话，那么，当太阳在银河系中做加速运动时，水星便会发生公转轨道的进动。当太阳做负加速运动时，水星则会发生公转轨道的"反进动"。所以，当水星进动或"反进动"时，它因克服耗散力的动能将发生质量亏损的热辐射，或是质量盈余的热吸收。我们只研究水星在局部时空范围内的进动。水星每绕太阳一周，它的势能变化为

$$m_2 v_2^2 - m_1 v_1^2 = \pm \Delta m c^2 \tag{3-87}$$

当式中 $m_2 < m_1, v_2 > v_1, m_2 v_2^2 > m_1 v_1^2$ 时，水星发生公转轨道进动，将式(3-87)写成：

$$K_1 m_2 v_2^2 = \Delta m c^2 \tag{3-88}$$

式中，K_1 是待定常数。因为水星的进动角 θ 只与 $\Delta mc^2/m_2 c^2$ 成正比，若比例常数 K_2 为待定值，应将式(3-88)写成比例式：

$$\theta=\frac{K_1 K_2 m_2 v_2^2}{m_2 c^2}=\frac{K_2 \Delta m c^2}{m_2 c^2} \tag{3-89}$$

令常数 $K_1 K_2 = K_3$，则水星公转一周的进动角为

$$\theta=\frac{K_3 v_2^2}{c^2}=\frac{K_2 \Delta m}{m_2} \tag{3-90}$$

根据水星观测进动角来确定

$$v_2-v_1\approx\theta\times R\times\frac{1}{T}=\frac{5.01\times10^{-7}\times5.775086226\times10^{10}}{7576934}\approx0.00382(\mathrm{m/s})\tag{3-91}$$

式中，$T=7576934\ \mathrm{s}$ 是水星绕太阳公转周期，$R=5.775086226\times10^{10}\ \mathrm{m}$是水星绕太阳公转平均半径。

$v_1=47890\ \mathrm{m/s}$，$v_2=47890.00382\ \mathrm{m/s}$，将 Δm 写成近似值(因为 m_1 和 m_2 相对误差只有 $3\times10^{-8}\%$左右)，即有

$$\Delta m\approx\frac{m_1(v_1^2-v_1^2)}{c^2}\approx1.335275\times10^9\ \mathrm{kg}\tag{3-92}$$

于是有：水星质量 $m_2=3.2799999995\times10^{23}\ \mathrm{kg}$ 和 $m_1=3.28\times10^{23}\ \mathrm{kg}$。按公式 $m_2v_2^2-m_1v_1^2=\Delta mc^2$，有

$3.2799999995\times10^{23}\times47890.00382^2-3.28\times10^{23}\times47890^2\approx7.522524087\times10^{32}-7.522522888\times10^{32}\approx1.19\times10^{26}(\mathrm{J})$

$$\Delta mc^2=1.335275\times10^9\times299792458^2\approx1.2\times10^{26}(\mathrm{J})$$

为此，确定常数 $K_1=1.596\times10^{-7}$，$K_2=1.231\times10^8$，$K_3=K_1K_2=19.65=6.255\pi$。将公式(3-89)写成：

$$\theta=\frac{6.225\pi v_2^2}{c^2}\qquad\theta=\frac{6.225\pi Gm_{太}}{c^2R}\tag{3-93}$$

式中，G 是万有引力常数，$m_{太}$ 是太阳质量。按式(3-93)算出，水星周期进动角 $\theta=5.0112\times10^{-7}\ \mathrm{rad}$，水星 100 年内公转 416.2 圈。从式(3-90)可看出，水星进动中周期进动角 $\theta=K_2\Delta m/m_2$ 的值基本不变，即有水星 100 年进动角为

$$\theta=416.2\times5.0112\times10^{-7}\approx43''$$

地球每 100 年进动约为 4″。

由于地球公转周期加快，地球必然开始收缩，因此，它的自转周期也要加快。就是说，在地球上采用任何计时器具都无法觉察到地球自转周期的变化。但是，由于地球的熵反常增大，使它的自转周期不能同步加快。目前，精确的测量表明，近几十年地球正以每天 1.8～3.2 ms 的速率慢下来。

不能不着重指出，物质按旋涡转道的进动规律，这一切都是有

其因果关系的。一般按旋涡转道侵入地球的小行星或大陨星，都是先打在月球的背面或卡在地月之间静止不动(类似共价键)，因此，在这个意义上，月球是地球生命的缔造者和保护神。如果人类再不觉醒，继续滥用能源，大规模进行核试验，无节制地享受和繁衍后代，使地球的熵继续加快增大，那么，后果是不堪设想的。0.6亿年前恐龙大量繁殖，致使地球熵迅速增大，而遭小行星侵入地球的灭顶之灾就是例证。如果人类不爱护自己的地球，那么，总有一天，某个小行星会沿自转速度继续减慢的地球轨道侵入地球(一般是沿高纬度极地地区侵入)，这种天灾厄运的到来无疑是物质世界惩罚人类最后的时刻……

总之，在这许多细微又广阔的变化中，微观世界与宏观世界这两极将逐渐合拢，基本粒子物理学和宇宙学的统一是科学的必然。这使我们感到：对基本粒子结构的研究，最终将导致把分子和原子化学键的结构结合在一起，甚至与双星、星团的运动规律也联系起来。这表明，在我们地球上确定的物理学定律，对整个宇宙的空间和时间都适用，它不但使我们可以认识和了解生命基本上是一种化学现象，而且让我们知道，在反冲力作用这一最普遍的运动形式中，星系、化学原子如何诞生、发热、逐渐冷却和死亡的整个宇宙起源的知识。不论是恒星或双星的运动，还是分子化学键、光量子、基本粒子的运动，或是分子的结晶过程，量子化的旋涡运动，都是物质世界的普遍规律。在小小的二氧化硅单晶面上甚至包括了整个宇宙中我们还不完全清楚的许多问题，也许还有物理学、天文学、化学、数学、哲学、宗教和伦理道德，等等。

3.14 基本观点概述

有必要对本书的基本观点总结如下：

(1)力

不论是宏观物体还是微观质点，都存在互相碰撞(弹性碰撞或非弹性碰撞)，质点之间碰撞的排斥是作用力的一种形式，排斥力的作用遵循能量和动量守恒原理。

反冲力的作用是物体之间将排斥力转化为吸引力的唯一方式。无论是电荷之间的吸引，还是磁的吸引，都是外力（排斥力）通过内力（反冲力的对称破损）的物体内能释放的质量亏损所发生的反冲吸引力作用。反冲力、吸引力之间作用符合能量守恒和动量守恒原理。

所有力的作用都不是无限连续的，而是按一定频率一份一份作用的。不存在超距和瞬时作用力。反冲力的作用都是通过场——微小质点排斥运动——互相传递的。

亚里士多德曾认为，行星运动自己有发动机驱动，恒星本身是有生命的。本书进一步认为，恒星、原子、电子……都是有生命的旋涡体，它们不断与空间中物质发生物质交换（新陈代谢）。1952 年，苏联天文学家 B. B. 拉兹也夫确定了作用在快速自转陨星上能量再辐射的各向异性效应：即使改变直径大到几百米的陨星，在太阳系中，自转方向与公转方向相同的陨星具有灼热的“风”来自背后，并向前推进，类似火箭的推进，而越来越远离太阳；而具有反向自转的陨星则相反地受到阻尼而迅速趋近太阳……

在傍晚利用天文望远镜观测星空，就会发现侵入地球的流星总是使地球拖着一个长长的尾巴，以反冲力作用围绕太阳公转。因此，它们都像一台自己驱动的“巨大的”或“微小的”迴旋加速器和对撞机，而正是旋涡体吸收物质和抛射物质的“对称破损”才会产生反冲吸引力。反冲力的计量符合牛顿第二定律公式(1-36)和波动方程(1-37)。

下面谈谈粒子与反粒子之间相互作用都有哪些特点。按以往理论，带电荷粒子之间的相互吸引或排斥是永远不变的。但是，当我们考虑到带电粒子的自旋后，上述吸引或排斥可能会产生正好相反的行为。在量子色动力学自由渐近理论中，一直在寻找一种广义的荷，带着广义荷粒子的性质是，粒子之间作用力在近距离上弱，距离越远粒子间作用力反而越强，即场的反屏蔽广义荷 。一般认为点电荷只能屏蔽，而不能被反屏蔽。可是，从本书给出的电子旋涡模型上看，我们必须认识到，带同号电荷的右旋粒子可能是左旋粒子的反粒子。考虑到电磁场的涡旋性质后，反冲力作用原理指出，实际上这种(色)电荷反屏蔽现象是普遍存在的。本书给出的光量子、电子团、质子团、正电子、基本粒子群以及一些带同号电荷的原子取自旋相反组成的分子化学键,都是反屏蔽粒子。

从书中可以看到,当带负电荷的电子取与原子自旋方向相反的自旋绕核旋转时,电子距核越近,它所受吸引力越强,它的势能也越大。也就是说,带异号电荷取自旋相反时,它们是被电场屏蔽的。相反的,带异号电荷的 2 个粒子取同向自旋时,它们之间是被涡旋电磁场反屏蔽的。

当 2 个自旋相反的电子在距离很远时是互相排斥的,但是距离越近,沿 2 个电子连线方向的排斥力将变得越来越小,这时 2 个电子将沿其连线垂直方向上做偏斜运动。一旦由左和右自旋相反的电子在 E 平面上组成反屏蔽电子团后(图 2-3),排斥力将变成反冲吸引力。这时电子团中的电子内能不能用一般的势能方程来描述,因为这种反冲力的大小并不随各电子之间的距离不同而变化。换句话说,电子团中电子的内能都等于 $m_e c^2$,不同的仅在于电子团的固有振动频率 ν_n 不同。光量子就是这样一种典型的反屏蔽粒子。

一旦我们选取左和右自旋的概念来区分粒子和反粒子,那么组成核粒子的质子与反质子、中子、夸克与反夸克之间的吸引力,就都可以用自旋相反的反屏蔽的(色)电荷加以描述。

在弗兰克·维尔切克著的《存在之轻——质量、以太和力的统一》一书中也写到:“为了实现这种程度上的统一,我们必须认识到,右旋粒子可以被看做是它们自己的(左旋)反粒子的反粒子。例如,右旋电子是左旋正电子的反粒子。不论哪一种描述,都具有相同的物理内涵,因为粒子及其反粒子都是同一场激发的,出现在主方程中的也正是这个场。场之间的对称变换将相同手性的激发联系起来,因此要找出所有可能的对称性,我们只需处理左旋激发态即可(即使这意味着与反粒子打交道)。”他接着说:“反屏蔽是一个可怕的词。物理学中的标准术语是渐近自由,可能也不会有更好的叫法了。这个概念说的是,随着距离越来越趋近零,核内有效色荷也将越来越趋于零,但永远不会达到零。”“无论你怎么称呼它,渐近自由是描述夸克并使部分子概念让人看重的一个很有前途的概念。我们希望有一种渐近自由理论，也符合物理学的基本原理。但这样的理论存在吗?”。我们认为，反冲力作用原理就是人们所寻找的一种自由渐近理论。

(2)质量

质量是物体包含物质量的量度，是物体惯性大小的量度。因为物体要在时间中与周围空间发生辐射和吸收的物质交换，所以，物体的质量通常在 m_0 和 $m_0-\Delta m$ 之间变化，Δm 是物体辐射和吸收物质周期变化很小的质量。相对地球运动愈快的物体，其质量亏损 Δm 也愈大，温度也愈高。质量亏损一般是以 $\Delta mc^2=2nm_ec^2$（m_e 是电子质量，$n=1,2,3,4,\cdots$）的能量光的热辐射进行的。因此，热的本质是光量子与原子、分子发生碰撞而产生的质量交换过程。光量子的静止质量等于零，动质量近似等于 $2m_e$。因此，物体的质量也应随温度变化而改变。在绝热过程中，温度愈高的物体包含的光量子数目愈多，它的质量也愈大。

关于光量子的动质量问题，按以往理论，光量子的动质量 $m=\frac{h\nu}{c^2}$，红外线光量子的动质量 $m\approx 3.16\times 10^{-36}$ kg，而 γ 射线光量子的动质量 $m\approx 2.21\times 10^{-27}$ kg(比质子的质量还大)，这显然是不合理的。

物质是无限可分的，但就观测角度而言，人们所能观测到的最小质点是电子，最大的质点是河外星云。比电子还小的质点只作为场的传递物质而存在，它们所留下的信息是由被观测到的质点的运动状态表现出来的。微观粒子并非都是我们想象中的钢性小球，它们往往是以旋涡体组成的可变形的圈、弦(也称“软粒子”)形式存在的，这些基本粒子都有自己的固有振动频率或旋转圆频率。物体的质量不随其运动速度增大而增加，相反因质量亏损而变小。

(3)时间与空间

物理学中对时间与空间的认识可以分为 3 个阶段。

在经典力学中，时间与空间的本性被认为是与任何物体及运动无关的，存在着绝对时间和绝对空间，存在着相对绝对静止空间或虚空的绝对运动。只有以绝对空间作为量度运动的参照系,或者其他以做绝对均匀直线运动的物体作为参照系(惯性系),惯性定律才能成立。

与牛顿的观点不同,本书认为绝对静止的空间和绝对均匀流动的数学时间并不存在,也不存在绝对静止的虚空。因为在虚空中由旋涡体组成的物体无法与外界进行物质交换(新陈代谢),它们是无法生存的。正是在这个意义上,物体在“真空”中做惯性运动才有反冲力的作用参与,使物体保持加速与减速的周期运动,即所谓的均匀直线运动。本书不认为自然界存在绝对均匀的直线运动。由于作用力具有在时间中一份一份波动作用的性质,因此,自然界中的运动都不是绝对均匀的。所以,不存在做绝对均匀直线运动的惯性参照系。在一定的观测精度范围内,地球就是惯性系。也是在一定观测精度范围内,相对地球做“均匀直线”运动的真实系统,也是惯性参考系。惯性系的选择是以历史的和实践的观点被规定的,因此,惯性系的坐标不能超过其本身的时空范围。在主要参照系(母系)地球这个惯性系中,时间尺度和空间尺度的计量标准的共同约定是绝对的。

对时空本性认识的第二阶段,在狭义相对论的相对性原理中,否定了牛顿绝对静止空间存在的可能性。但是,狭义相对论没有突破物体相对做均匀直线运动和作用力无限连续的观点。在这个理论中,任何做均匀直线运动的参考物体都可以带上 3 条坐标轴组成惯性参考系去描述运动,因此,按照洛仑兹变换导出了在任何惯性中光速 c 为极限速度是绝对不变量;而时间流逝变慢、空间尺度收缩,却又把理论物理学带入了妖魔化和神秘化的怪圈。

本书与狭义相对论的上述观点完全不同,因此,不承认洛仑兹变换的正确性,也不认同现代哲学对相对性原理的诠释。书中认为,坐标变换和物理学定律的转换是两个完全不同的概念,物理学定律的变换应揭示在真实的环境中时间与空间的性质与运动物体真实的相互制约的关系,而坐标变换不是物理学定律唯一的内容。因此,在以地球作为主要惯性参考系的物理学定律转换前提下,“伽利略变换”是正确的。诚然，本书也推想：相对地球运动速度愈快的惯性系，时间流逝愈快，时钟更快、空间被压缩、质量亏损，使其中所有的生命体（包括原子、分子）新陈代谢速率加快，因此，在其中的观测者不能判定时间流逝加快的绝对变化。

爱因斯坦的广义相对论中指出，如果考虑到万有引力，一个惯性系只适用于一个非常局部的范围，不可能适用于大的范围或全宇宙。用几何语言来说，各个不同的局部范围的惯性系之间的关系，可以通过时空曲率来规定，引力的作用就在于使时空变成弯曲的，而不再是经典力学的无限延伸的欧几里得几何的绝对空间，也不再是经典力学中无限延伸的闵可夫斯基空间。总之，在广义相对论中，时空的性质不是与物体的运动无关。一方面，物体运动的性质要决定于用怎样的时空参照系来描述它；另一方面，时空的性质也决定于物体及运动本身。

本书完全没有涉及广义相对论的内容，一方面是因为笔者尚不具备描述全宇宙的知识；另一方面，是还不完全清楚爱因斯坦这种思维哲学的意义。

笔得认为，时间是事物之间的一种次序。空间是质点可穿越和不可透过的界限。绝对不可穿越的空间（刚体）是没有的，绝对可透过的空间也是不存在的。事物之间的因果顺序包含在时间前后的次序，也包含在空间位置变化的前后次序上。而量子论却认为，在 10^{-23} cm、10^{-43} s 这样小的时空尺度中，描述事件顺序的“前”与“后”概念将失去意义，因此，利用时间来描述事物发生的顺序，可能并不总是适用的。我们认为，能否观察到这种时空次序和是否存在着这种隐次序是两回事，这好比“看不到月亮”和“月亮是否存在”是两个不同概念一样，人类可能永远摆脱不了这种认知水平上的矛盾。

（4）量子论

本书提出了光子和电子的准经典模型，研究了微观粒子群相互作用概率性与因果性的必然联系，这种想法未免过于大胆。而量子论关于“上帝掷骰子”的概率论的观点，已经使量子论陷入了最简单的悖论，无论是薛定谔方程，还是玻恩对电子波概率的正统解释，这些数学演绎方法不可能真正解决微观粒子概率性与因果性之间的悖论。为什么一个电子也能发生衍射？这难道是量子论的法则？这确实让人百思不得其解。是否应将量子论和热力学、电动力学及爱因斯坦的质能方程结合起来研究这些问题？是否量子论的基本法则应该是热力学统计概率性与因果性的叠加？是反冲力作用加速与减速(后退)的叠加？而任何所谓非经典的数学方法或曲率解释，都与量子力学所遇到的困境于事无补。有的读者也许会对本书的观点提出疑问——为什么光量子和基本粒子模型都不是比电子更小的粒子？笔者考察了所有光辐射过程和基本粒子衰变过程，它们都必须有电子(或质子)参与并提供能量。例如，在电子迴旋加速器中所产生的同步辐射偏振光，从激光束的巨大能量，基本粒子衰变产生光量子，两个光量子相遇产生电子的因果关系上看，光量子波的构想应该包含在这些隐次序之中。我们认为，微观粒子群的相互作用是量子论的概率性和因果性叠加所表现出的波粒两象性最本质的关系。桂起权先生说得好："我们相信物理世界结构及其相互作用的奥妙都深藏于数学和谐的规律之中。然而，这并非人为的，而是客观世界本身所固有的。在本体论上，我相信场的实在论，认为无形无象的场是物理世界的第一性实体。同时承认'关于结构的知识'是认识不可观察实体的必由之路。在因果性观点上，我们主张，作为自组系统的物理世界，在整体是由因果性与机遇率共同决定的……"。

(5)关于能量守恒定律的疑难

热力学第二定律的熵增大原理表明，与热现象有关的过程不可逆性的客观规律，说明了对于任何孤立系统走向"死亡"的法则。因此，能量守恒定律对于点内时间与空间(孤立系统)并不是严格成立的。比如，设想在一个孤立系统中 2 个物体发生弹性碰撞，按机械能能量守恒定理，我们可以导出能量守恒定律。但是，严格说来，在计算中我们是忽略了物体碰撞过程中产生质量亏损的热辐射 Δmc^2，因此，对孤立系统熵增是不可逆的。如果不断碰撞下去，孤立系统的熵会不断增加。因此，我们认为能量守恒定律应是描述包括物体运动过程点内时空和点外时空发生物质交换（新陈代谢）的能量及交换的定律。对于开放系统（点外空间），可以由一个孤立系统扩展到地球、太阳系和无限宇宙时空范围。因此，去谈一个孤立系统点内空间的能量守恒，就意味着说该系统的熵永不增大，“生命”过程（包括人、地球、太阳系）可以长生不老。一般说来在局部时间与空间范围，我们描述的能量守恒定律永远是与观测精度相关的近似值。特别是在对基本粒子的观测中，人类已经无法区分在极其微小时空范围粒子运动的状态，因此，对能量守恒定律的计算将变得愈来愈困难。有人说《粒子波动论》一书也涉及能量不守恒、熵增不能克服的疑难。确实，在无限宇宙的范围内去描述熵的变化和能量守恒，就人类的观测水平而言，这几乎是做不到的。在这一点上，无论是从观测角度还是理论角度，都不得不承认人类的认知水平是有限的。

例如，我们观测到河外星云光谱线的红移，即所谓“河外红移”现象，于是便有人提出宇宙膨胀、宇宙大爆炸，甚至算出了宇宙的年龄和大爆炸的时间。那么，如果远处星云发射的光谱线与地球发射光谱相比发生“红移”不是由光的多普勒效应引起的，而是由光量子在几十亿光年中因衰老而引起的“红移”呢？按照相对论的观点，以光速 c 运动的光量子，它的时间流逝停止了，就是说光量子是“长生不老”的。而事实上，比河外星云更远的恒星发射的光量子，甚至还未到达地球就早已经死亡解体了。不得不承认，有出生必然有死亡，天下没有不散的宴席。这是对孤立系统熵增而走向死亡的自然法则。确实，有许多自然之谜很久以来就使许多思想家百思不得其解。如果说物理学能够证明人类心灵上的思想会变成引力场、电磁场作用，这的确是令人难以置信的。

有人提出《微子波动论》一书是局限在经典力学范围内，不能看做是严格的物理与哲学诠释。笔者是物理学质朴论和实在论的追随者，所以，尚不知所谓经典的和现代非经典的物理理论的区分标准。正如有人在互联网上开玩笑说：“把简单的搞成复杂就是科学家。”“在周老虎边上写上一道 31 维的方程就有人相信了，而且还能得诺贝尔奖。”这些虽然是玩笑话，但它的确反映了人们对现代理论物理学前景的无奈和困惑。应该说从本意上讲，本书出发点是以统一场论的观点来考虑这些问题的，但由于笔者知识范围所限，所以尚不敢对当前最时髦的超弦、超膜、宇宙起源与大爆炸理论妄加评论。因为，对于无限宇宙来说，也许我们只是生存在其中一个极其微小的“颗粒”之中，我们所感知到的也许只是无限宇宙中“极小”时空范围内的图像，在这一点上，科学、宗教与神话似乎早已失去了可区分的界限。相对来说，笔者更对地球当前的状态感到忧虑，因为从物理学统一场论的观点来看，地球在近十几年中“熵”迅速增大，使地球气温变暖、地磁场遭到破坏、北极冰川大量溶化、海平面上升、海洋和大气环流骚乱、灾难频繁发生……这一切都是人类过度消耗能源而引起的后果。世界上没有绝对清洁的能源(包括核能、电能、太阳能、风能等)，因为能源利用过程的造成熵变化不仅仅是由环境污染、大气中二氧化碳排放过量引起的。如果说理性世界是物质世界自己进化的产物，那么，人类的精神文明可能又是物质世界用来自我否定的精灵。只有清醒地认识到这一点，我们才有可能更加谦虚地面对未来……

参考文献

[1]中国大百科全书:物理学[M]. 北京:中国大百科全书出版社,1987.

[2]张家燧. 电动力学及狭义相对论:第二版[M]. 北京:北京大学出版社,2004.

[3]爱因斯坦. 相对论[M]. 易洪波,李智谋,编译. 重庆:重庆出版社,2006.

[4]刘辽,费保俊,张允中. 狭义相对论[M]. 北京:科学出版社,2008.

[5](英)斯蒂文逊. 狭义相对论[M]. 上海:上海科学技术出版社,1963.

[6](美)伍德豪斯. 狭义相对论[M]. 北京:清华大学出版社,2009.

[7]张元仲. 狭义相对论实验基础[M]. 北京:科学出版社,1979.

[8]周世勋. 量子力学[M]. 北京:高等教育出版社,1979.

[9]曹烈兆,阎守胜,张兆甲. 低温物理学[M]. 北京:中国科技大学出版社,2009.

[10]桂起权. 我们的"物理学哲学研究"的核心理念[J]. 科学技术哲学研究,2010(3).

[11]陈鹏才. 大学物理学手册[M]. 济南:山东科学技术出版社,1985.

[12](英)史蒂芬·霍金. 时间简史[M]. 许明贤,吴恩超译. 长沙:湖南科学技术出版社,2002.

[13](美)弗兰克·维尔切. 存在之轻——质量以太和力的统一性[M]. 王文浩,译. 长沙:湖南科学技术出版社,2010.

附录 1　加速、负加速数列电算表
（按相对论多普勒公式计算）

$\Delta m/m=0.00000001$　　$\mu=c=300000000\ \text{m/s}$

$\Delta t=0.1\text{s}$　　$v=\sqrt[3]{v_1\times v_2\times v_3}$

$$\Delta t_n=\frac{\Delta t(1\mp\frac{v}{c})}{\sqrt{1-(\frac{v}{c})^2}}$$　　$v'=\sqrt[3]{v_3\times v_2'\times v_3'}$

$a=\frac{v'-v}{\Delta t_n}$　　$a_1=\pm\frac{\Delta m}{\Delta t\cdot m}\sqrt{c^2-v^2}$

$v_1=10$	$v_1=10$
$v_2=13$	$v_2=7$
$v_3=12.99999987$	$v_3=6.99999993$
$v_2'=15.99999987$	$v_2'=3.99999993$
$v_3'=15.99999971$	$v_3'=3.999999890000001$
$v=11.91138421225968$	$v=7.883735136826108$
$v'=14.93004444686424$	$v'=4.82028443997857$
$\Delta t_n=9.99999975196\times10^{-2}$	$\Delta t_n=0.1000000041180279$
$a=30.1866030947776$	$a=-30.63450570693789$
$a_1=29.99999955296515$	$a_1=-29.99999955296516$
$\frac{a_1-a}{a_1}\%=-0.622011815310$	$\frac{a_1-a}{a_1}\%=-2.11502054475$

$v_1=100$	$v_1=100$
$v_2=103$	$v_2=97$
$v_3=102.99999897$	$v_3 96.99999903$

$v_2{}'=105.99999897$

$v_3{}'=105.99999791$

$v=101.9901307057105$

$v'=104.9904134668062$

$\Delta t_n=9.99999674934\times10^{-2}$

$a=30.00283736385559$

$a_1=29.99999955296344$

$\frac{a_1-a}{a_1}\%=-9.4593697\times10^{-3}$

$v_2{}'=93.99999903$

$v_3{}'=93.99999809000001$

$v=97.98986395899853$

$v'=94.98954511610566$

$\Delta t_n=0.100000034153$

$a=-30.00317818182023$

$a_1=-29.99999955296357$

$\frac{a_1-a}{a_1}\%=-1.0595429\times10^{-2}$

$v_1=1000$

$v_2=1003$

$v_3=1002.99998997$

$v_2{}'=1005.99998997$

$v_3{}'=1005.99997991$

$v=1001.998997991001$

$v'=1004.998990934074$

$\Delta t_n=9.99996674910\times10^{-2}$

$a=30.00002918353224$

$a_1=29.99999955279784$

$\frac{a_1-a}{a_1}\%=-9.876911\times10^{-5}$

$v_1=1000$

$v_2=997$

$v_3=996.99999003$

$v_2{}'=993.99999003$

$v_3{}'=993.9999800900001$

$v=997.998995337658$

$v'=994.9989823605637$

$\Delta t_n=0.100000334157$

$a=-30.00002952374292$

$a_1=-29.99999955279917$

$\frac{a_1-a}{a_1}\%=-9.990314\times10^{-5}$

$v_1=10000$

$v_2=10003$

$v_3=10002.99989997$

$v_2{}'=10005.99989997$

$v_3{}'=10005.99979991$

$v=10001.99986667323$

$v'=10004.99976666322$

$v_1=10000$

$v_2=9997$

$v_3=9996.999900029999$

$v_2{}'=9993.999900029999$

$v_3{}'=9993.999800090001$

$v=9997.9998666599$

$v'=9994.999766669884$

$\Delta t_n=0.999966675456868$
$a=29.99999963611716$
$a_1=29.99999953629184$
$\frac{a_1-a}{a_1}\%=-3.327510\times10^{-7}$

$\Delta t_n=0.1000033342123232$
$a=-29.99999963648195$
$a_1=-29.99999953630517$
$\frac{a_1-a}{a_1}\%=-3.3392260\times10^{-7}$

$v_1=100000$
$v_2=100003$
$v_3=100002.99899997$
$v_2'=100005.99899997$
$v_3'=100005.99799991$
$v=100001.9996566589$
$v'=100004.9986566192$
$\Delta t_n=9.99666730436\times10^{-2}$
$a=29.99999768911714$
$a_1=29.99999788623183$
$\frac{a_1-a}{a_1}\%=6.570490156\times10^{-7}$

$v_1=100000$
$v_2=99997$
$v_3=99996.99900003$
$v_2'=99993.99900003$
$v_3'=99993.99800009001$
$v=99997.99965667198$
$v'=99994.99865671169$
$\Delta t_n=0.100033339714$
$a=-29.99999768938182$
$a_1=-29.99999788636516$
$\frac{a_1-a}{a_1}\%=6.566111909\times10^{-7}$

$v_1=1000000$
$v_2=1000003$
$v_3=1000002.98999997$
$v_2'=1000005.98999997$
$v_3'=1000005.97999991$
$v=1000001.996665645$
$v'=1000004.986665605$
$\Delta t_n=9.9667221196794\times10^{-2}$
$a=29.99983268477446$
$a_1=29.99983288517246$
$\frac{a_1-a}{a_1}\%=6.67997061\times10^{-7}$

$v_1=1000000$
$v_2=999997$
$v_3=999996.99900003$
$v_2'=999993.99900003$
$v_3'=999993.9080000901$
$v=999997.9966656588$
$v'=999994.9866656988$
$\Delta t_n=0.10033389157046$
$a=-29.99983268712936$
$a_1=-29.99983288650581$
$\frac{a_1-a}{a_1}\%=6.645918495\times10^{-7}$

$v_1=30000000$

$v_2=30000003$

$v_3=30000002.69999997$

$v_2{}'=30000005.69999997$

$v_3{}'=30000005.39999991$

$v=30000001.89999941$

$v'=30000004.59999938$

$\Delta t_n=9.04534041425\times10^{-2}$

$a=29.84962243927842$

$a_1=29.84962264930885$

$\frac{a_1-a}{a_1}\%=7.036284093\times10^{-7}$

$v_1=30000000$

$v_2=29999997$

$v_3=29999996.70000003$

$v_2{}'=29999993.70000003$

$v_3{}'=29999993.40000009$

$v=29999997.89999943$

$v'=29999994.59999947$

$\Delta t_n=0.110554160544$

$a=-29.84962251554016$

$a_1=-29.84962268951036$

$\frac{a_1-a}{a_1}\%=5.828221074\times10^{-7}$

$v_1=60000000$

$v_2=60000003$

$v_3=60000002.39999997$

$v_2{}'=60000005.39999997$

$v_3{}'=60000004.79999992$

$v=60000001.79999884$

$v'=60000004.19999988$

$\Delta t_n=8.164965879913\times10^{-2}$

$a=29.39387618460372$

$a_1=29.39387643865293$

$\frac{a_1-a}{a_1}\%=8.642929722\times10^{-7}$

$v_1=60000000$

$v_2=59999997$

$v_3=59999996.40000003$

$v_2{}'=59999993.40000003$

$v_3{}'=59999992.80000009$

$v=59999997.79999886$

$v'=59999994.19999889$

$\Delta t_n=0.1224744880286015$

$a=-29.39387640792999$

$a_1=-29.39387652030258$

$\frac{a_1-a}{a_1}\%=3.822993300\times10^{-7}$

$v_1=90000000$

$v_2=90000003$

$v_3=90000002.09999996$

$v_1=90000000$

$v_2=89999997$

$v_3=89999996.10000002$

$v_2{}'=90000005.09999996$

$v_3{}'=90000004.19999991$

$v=90000001.69999824$

$v'=90000003.79999819$

$\Delta t_n=7.337993920\times10^{-2}$

$a=28.61817510383933$

$a_1=28.61817556260185$

$\frac{a_1-a}{a_1}\%=1.603045996\times10^{-6}$

$v_2{}'=89999993.10000002$

$v_3{}'=89999992.20000009$

$v=89999997.69999824$

$v'=89999993.7999983$

$\Delta t_n=0.136277029656413$

$a=-28.61817546352935$

$a_1=-28.61817568839603$

$\frac{a_1-a}{a_1}\%=7.857477606\times10^{-7}$

$v_1=120000000$

$v_2=120000003$

$v_3=120000001.8$

$v_2{}'=120000004.8$

$v_3{}'=120000003.5999999$

$v=120000001.5999976$

$v'=120000003.3999976$

$\Delta t_n=6.546536763\times10^{-2}$

$a=27.49545343383311$

$a_1=27.49545369019123$

$\frac{a_1-a}{a_1}\%=9.323654863\times10^{-7}$

$v_1=120000000$

$v_2=119999997$

$v_3=119999995.8$

$v_2{}'=119999992.8$

$v_3{}'=119999997.6000001$

$v=119999997.5999976$

$v'=119999993.3999977$

$\Delta t_n=0.1527525239865973$

$a=-27.49545374873978$

$a_1=-27.49545386476554$

$\frac{a_1-a}{a_1}\%=4.219816257\times10^{-7}$

$v_1=150000000$

$v_2=150000003$

$v_3=150000001.5$

$v_2{}'=150000004.5$

$v_3{}'=150000002.9999999$

$v=150000001.499997$

$v'=150000002.999997$

$v_1=150000000$

$v_2=149999997$

$v_3=149999995.5$

$v_2{}'=149999992.5$

$v_3{}'=149999991.0000001$

$v=149999997.499997$

$v'=149999992.9999971$

$\Delta t_n=0.057350273943821$
$a=25.98076138340301$
$a_1=25.98076163978727$
$\frac{a_1-a}{a_1}\%=9.868235\times10^{-7}$

$\Delta t_n=0.1732050814133413$
$a=-25.98076167093754$
$a_1=-25.98076187072738$
$\frac{a_1-a}{a_1}\%=7.689914385\times10^{-7}$

$v_1=180000000$
$v_2=180000003$
$v_3=180000001.2$
$v_2{}'=180000004.2$
$v_3{}'=180000002.3999999$
$v=180000001.3999964$
$v'=180000002.5999963$
$\Delta t_n=5.000000038\times10^{-2}$
$a=23.99999898290666$
$a_1=23.99999953737241$
$\frac{a_1-a}{a_1}\%=2.310274\times10^{-6}$

$v_1=180000000$
$v_2=179999997$
$v_3=179999995.2$
$v_2{}'=179999992.2$
$v_3{}'=179999990.4000001$
$v=179999997.3999964$
$v'=179999992.5999964$
$\Delta t_n=0.2000000002718952$
$a=-23.99999987796561$
$a_1=-23.9999998373724$
$\frac{a_1-a}{a_1}\%=-1.691383\times10^{-7}$

$v_1=210000000$
$v_2=210000003$
$v_3=210000000.9$
$v_2{}'=210000003.9$
$v_3{}'=210000001.7999999$
$v=210000001.2999958$
$v'=210000002.1999957$
$\Delta t_n=4.2008402789\times10^{-2}$
$a=21.42428387143073$
$a_1=21.42428483895675$
$\frac{a_1-a}{a_1}\%=4.516024816\times10^{-6}$

$v_1=210000000$
$v_2=209999997$
$v_3=209999994.9$
$v_2{}'=209999991.9$
$v_3{}'=209999989.8000001$
$v=209999997.2999958$
$v'=209999992.1999958$
$\Delta t_n=0.2380476136311007$
$a=-21.42428506902948$
$a_1=-21.42428523103517$
$\frac{a_1-a}{a_1}\%=7.561778089\times10^{-7}$

$v_1=240000000$

$v_2=240000003$

$v_3=240000000.6$

$v_2{}'=240000003.6$

$v_3{}'=240000001.1999999$

$v=240000001.1999951$

$v'=240000001.7999951$

$\Delta t_n=3.333333345\times10^{-2}$

$a=17.99999885889468$

$a_1=17.99999957177976$

$\frac{a_1-a}{a_1}\%=3.9604727\times10^{-6}$

$v_1=240000000$

$v_2=239999997$

$v_3=23999994.6$

$v_2{}'=239999991.6$

$v_3{}'=239999989.2000001$

$v=239999997.1999951$

$v'=239999991.7999952$

$\Delta t_n=0.2999999966925572$

$a=-18.00000011897371$

$a_1=-18.00000010511307$

$\frac{a_1-a}{a_1}\%=-7.7003548\times10^{-8}$

$v_1=270000000$

$v_2=270000003$

$v_3=270000000.3$

$v_2{}'=270000003.3$

$v_3{}'=270000000.5999999$

$v=270000001.0999944$

$v'=270000001.3999944$

$\Delta t_n=2.294157328\times10^{-2}$

$a=13.07669480963509$

$a_1=13.07669640864363$

$\frac{a_1-a}{a_1}\%=1.222792\times10^{-5}$

$v_1=270000000$

$v_2=269999997$

$v_3=269999994.3$

$v_2{}'=269999991.3$

$v_3{}'=269999988.6000001$

$v=269999997.0999945$

$v'=269999991.3999945$

$\Delta t_n=0.4358898786724377$

$a=-13.07669727372244$

$a_1=-13.07669723454024$

$\frac{a_1-a}{a_1}\%=-2.9963380\times10^{-7}$

$v_1=297000000$

$v_2=297000003$

$v_3=297000000.03$

$v_1=297000000$

$v_2=296999997$

$v_3=296999994.03$

$v_2{}'=297000003.03$ $v_2{}'=296999991.03$

$v_3{}'=297000000.0599999$ $v_3{}'=296999997.0600001$

$v=297000001.0099939$ $v=296999997.0099939$

$v'=297000001.0399939$ $v'=296999991.0399939$

$\Delta t_n=7.088810956\times 10^{-3}$ $\Delta t_n=1.410672912468073$

$a=4.232025819104578$ $a=-4.232022828424941$

$a_1=4.232020022031691$ $a_1=-4.232022829200709$

$\frac{a_1-a}{a_1}\%=-1.3698122\times 10^{-4}$ $\frac{a_1-a}{a_1}\%=1.83309\times 10^{-8}$

$v_1=299700000$ $v_1=299700000$

$v_2=299700003$ $v_2=299699997$

$v_3=299700000.003$ $v_3=299699994.003$

$v_2{}'=299700003.003$ $v_2{}'=299699991.003$

$v_3{}'=299700000.0059999$ $v_3{}'=299699988.0060001$

$v=299700001.0009938$ $v=299699997.0009938$

$v'=299700001.0039937$ $v'=299699991.0039939$

$\Delta t_n=2.236623504\times 10^{-3}$ $\Delta t_n=4.470995489149777$

$a=1.341290284432376$ $a=-1.341312017328736$

$a_1=1.34130307776656$ $a_1=-1.341312015313698$

$\frac{a_1-a}{a_1}\%=9.53798\times 10^{-4}$ $\frac{a_1-a}{a_1}\%=-1.5022888\times 10^{-7}$

$v_1=299970000$ $v_1=299970000$

$v_2=299970003$ $v_2=299969997$

$v_3=299970000.0003$ $v_3=299969994.0003$

$v_2{}'=299970003.0003$ $v_2{}'=299969991.0003$

$v_3{}'=299970000.0006$ $v_3{}'=299969988.0006002$

$v=299970001.0000938$ $v=299969997.0000938$

$v'=299970001.0003938$ $v'=299969991.0003939$

$\Delta t_n = 7.0711268285 \times 10^{-4}$
$a = 0.424246636255142$
$a_1 = 0.4242463843961067$
$\frac{a_1 - a}{a_1}\% = 5.936621844 \times 10^{-5}$

$\Delta t_n = 14.14107522731907$
$a = -0.4242746604602434$
$a_1 = -0.4242746660742001$
$\frac{a_1 - a}{a_1}\% = 1.32318923 \times 10^{-6}$

$v_1 = 299997000$
$v_2 = 299997003$
$v_3 = 299997000.00003$
$v_2' = 299997003.00003$
$v_3' = 299997000.00006$
$v = 299997001.0000038$
$v' = 299997001.0000338$
$\Delta t_n = 2.235700887 \times 10^{-4}$
$a = 0.1341017328684578$
$a_1 = 0.1341413787794122$
$\frac{a_1 - a}{a_1}\% = 2.955531791 \times 10^{-2}$

$v_1 = 299997000$
$v_2 = 299996997$
$v_3 = 299996994.00003$
$v_2' = 299996991.00003$
$v_3' = 299996988.0000601$
$v = 299996997.0000038$
$v' = 299996991.0000339$
$\Delta t_n = 44.69890446179697$
$a = -0.1342308056875769$
$a_1 = -0.1342308059278737$
$\frac{a_1 - a}{a_1}\% = 1.79017652 \times 10^{-7}$

$v_1 = 299999700$
$v_2 = 299999703$
$v_3 = 299999700.000003$
$v_2' = 299999703.000003$
$v_3' = 299999700.000006$
$v = 299999700.9999948$
$v' = 299999700.9999978$
$\Delta t_n = 7.0592747868 \times 10^{-5}$
$a = 4.22172578452 \times 10^{-2}$
$a_1 = 4.23556263516 \times 10^{-2}$
$\frac{a_1 - a}{a_1}\% = 0.3266827062$

$v_1 = 299999700$
$v_2 = 299999697$
$v_3 = 299999694.000003$
$v_2' = 299999691.000003$
$v_3' = 299999688.0000061$
$v = 299999696.9999948$
$v' = 299999690.9999979$
$\Delta t_n = 140.7194743071113$
$a = -4.26379996805 \times 10^{-2}$
$a_1 = -4.2638000174 \times 10^{-2}$
$\frac{a_1 - a}{a_1}\% = 1.157359555 \times 10^{-4}$

$v_1=299999970$

$v_2=299999973$

$v_3=299999970.0000003$

$v_2'=299999973.0000003$

$v_3'=299999970.0000006$

$v=299999970.9999939$

$v'=299999970.9999942$

$\Delta t_n=2.1984846427\times 10^{-5}$

$a=1.355584742718124\times 10^{-2}$

$a_1=1.319090682\times 10^{-2}$

$\frac{a_1-a}{a_1}\%=-2.766607378$

$v_1=299999970$

$v_2=299999967$

$v_3=299999964.0000004$

$v_2'=299999961.0000004$

$v_3'=299999958.0000008$

$v=299999966.9999939$

$v'=299999960.9999943$

$\Delta t_n=426.4013880605166$

$a=-0.0140712477744466$

$a_1=-1.407124797\times 10^{-2}$

$\frac{a_1-a}{a_1}\%=1.453865934\times 10^{-6}$

附录 2　加速、负加速数列电算表 (按经典多普勒公式计算)

$\Delta m/m=0.00000001$

$\Delta t=0.1\text{s}$

$$\Delta t_n=\frac{\Delta t}{1\pm\frac{v}{c}}$$

$$a=\frac{v'-v}{\Delta t_n}$$

$\mu=c=300000000\ \text{m/s}$

$v=\sqrt[3]{v_1\times v_2\times v_3}$

$v'=\sqrt[3]{v_3\times v_2{}'\times v_3{}'}$

$$a_1=\pm\frac{c\Delta m}{m\cdot\Delta t}(1-\frac{v^2}{c^2})$$

$v_1=10$

$v_2=13$

$v_3=12.99999987$

$v_2{}'=15.99999987$

$v_3{}'=15.99999971$

$v=11.91138421225968$

$v'=14.93004444686424$

$\Delta t_n=0.099999993603$

$a=30.18660428$

$a_1=30$

$\frac{a_1-a}{a_1}\%=-0.6220142667$

$v_1=10$

$v_2=7$

$v_3=6.99999993$

$v_2{}'=3.99999993$

$v_3{}'=3.999999890000001$

$v=7.883735136826108$

$v'=4.82028443997857$

$\Delta t_n=0.1000000026$

$a=-30.63450617$

$a_1=-30$

$\frac{a_1-a}{a_1}\%=-2.115020567$

$v_1=100$

$v_2=103$

$v_3=102.99999897$

$v_2{}'=105.99999897$

$v_1=100$

$v_2=97$

$v_3=96.99999903$

$v_2{}'=93.99999903$

$v_3{}'=105.99999791$

$v=101.9901307057105$

$v'=104.9904134668062$

$\Delta t_n=0.099999966$

$a=30.00283781$

$a_1=30$

$\frac{a_1-a}{a_1}\%=-9.45936\times10^{-3}$

$v_3{}'=93.99999809000001$

$v=97.98986395899853$

$v'=94.98954511610566$

$\Delta t_n=0.1000000327$

$a=-30.00317862$

$a_1=-30$

$\frac{a_1-a}{a_1}\%=-0.0105954$

$v_1=1000$

$v_2=1003$

$v_3=1002.99998997$

$v_2{}'=1005.99998997$

$v_3{}'=1005.99997991$

$v=1001.998997991001$

$v'=1004.998990934074$

$\Delta t_n=0.099999666$

$a=30.00002963$

$a_1=30$

$\frac{a_1-a}{a_1}\%=-9.87666\times10^{-5}$

$v_1=1000$

$v_2=997$

$v_3=996.99999003$

$v_2{}'=993.99999003$

$v_3{}'=993.9999800900001$

$v=997.998995337658$

$v'=994.9989823605637$

$\Delta t_n=0.1000003327$

$a=-30.00002996$

$a_1=-30$

$\frac{a_1-a}{a_1}\%=-9.98666\times10^{-5}$

$v_1=10000$

$v_2=10003$

$v_3=10002.99989997$

$v_2{}'=10005.99989997$

$v_3{}'=10005.99979991$

$v=10001.99986667323$

$v'=10004.99976666322$

$\Delta t_n=0.09999666611$

$v_1=10000$

$v_2=9997$

$v_3=9996.999900029999$

$v_2{}'=9993.999900029999$

$v_3{}'=9993.999800090001$

$v=9997.9998666599$

$v'=9994.999766669884$

$\Delta t_n=0.1000033328$

$a=30.0000007$ | $a=-30.00000006$

$a_1=29.99999997$ | $a_1=-29.99999997$

$\frac{a_1-a}{a_1}\%=-2.43333\times10^{-6}$ | $\frac{a_1-a}{a_1}\%=-3.000000003\times10^{-7}$

$v_1=100000$	$v_1=100000$
$v_2=100003$	$v_2=99997$
$v_3=100002.99899997$	$v_3=99996.99900003$
$v_2'=100005.99899997$	$v_2'=99993.99900003$
$v_3'=100005.99799991$	$v_3'=99993.99800009001$
$v=100001.9996566589$	$v=99997.99965667198$
$v'=100004.9986566192$	$v'=99994.99865671169$
$\Delta t_n=0.09996667711$	$\Delta t_n=0.1000333438$
$a=29.99999641$	$a=-29.99999646$
$a_1=29.99999667$	$a_1=-29.99999667$
$\frac{a_1-a}{a_1}\%=8.666667629\times10^{-7}$	$\frac{a_1-a}{a_1}\%=7.000000777\times10^{-7}$

$v_1=1000000$	$v_1=1000000$
$v_2=1000003$	$v_2=999997$
$v_3=1000002.98999997$	$v_3=999996.99900003$
$v_2'=1000005.98999997$	$v_2'=999993.99900003$
$v_3'=1000005.97999991$	$v_3'=999993.9080000901$
$v=1000001.996665645$	$v=999997.9966656588$
$v'=1000004.986665605$	$v'=999994.9866656988$
$\Delta t_n=0.09966777343$	$\Delta t_n=0.1003344475$
$a=29.99966646$	$a=-29.99966647$
$a_1=29.99966667$	$a_1=-29.99966667$
$\frac{a_1-a}{a_1}\%=7.000077778\times10^{-7}$	$\frac{a_1-a}{a_1}\%=6.666740741\times10^{-7}$

$v_1=30000000$

$v_2=30000003$

$v_3=30000002.69999997$

$v_2'=30000005.69999997$

$v_3'=30000005.39999991$

$v=30000001.89999941$

$v'=30000004.59999938$

$\Delta t_n=0.09090909039$

$a=29.69999984$

$a_1=29.69999996$

$\frac{a_1-a}{a_1}\%=4.040404046\times10^{-7}$

$v_1=30000000$

$v_2=29999997$

$v_3=29999996.70000003$

$v_2'=29999993.70000003$

$v_3'=29999993.40000009$

$v=29999997.89999943$

$v'=29999994.59999947$

$\Delta t_n=0.1111111102$

$a=-29.69999988$

$a_1=-29.70000004$

$\frac{a_1-a}{a_1}\%=5.38720538\times10^{-7}$

$v_1=60000000$

$v_2=60000003$

$v_3=60000002.39999997$

$v_2'=60000005.39999997$

$v_3'=60000004.79999992$

$v=60000001.79999884$

$v'=60000004.19999988$

$\Delta t_n=0.08333333292$

$a=28.80001262$

$a_1=28.79999993$

$\frac{a_1-a}{a_1}\%=-4.40625\times10^{-5}$

$v_1=60000000$

$v_2=59999997$

$v_3=59999996.40000003$

$v_2'=59999993.40000003$

$v_3'=59999992.80000009$

$v=59999997.79999886$

$v'=59999994.19999889$

$\Delta t_n=0.1249999989$

$a=-28.80000001$

$a_1=-28.80000009$

$\frac{a_1-a}{a_1}\%=2.7777\times10^{-7}$

$v_1=90000000$

$v_2=90000003$

$v_3=90000002.09999996$

$v_2'=90000005.09999996$

$v_1=90000000$

$v_2=89999997$

$v_3=89999996.10000002$

$v_2'=89999993.10000002$

$v_3{}'=90000004.19999991$

$v=90000001.69999824$

$v'=90000003.79999819$

$\Delta t_n=0.07692307659$

$a=27.29999947$

$a_1=27.29999925$

$\frac{a_1-a}{a_1}\%=1.025641035\times10^{-6}$

$v_3{}'=89999992.20000009$

$v=89999997.69999824$

$v'=89999993.7999983$

$\Delta t_n=0.1428571413$

$a=-27.29999988$

$a_1=-27.30000014$

$\frac{a_1-a}{a_1}\%=9.523809475\times10^{-7}$

$v_1=120000000$

$v_2=120000003$

$v_3=120000001.8$

$v_2{}'=120000004.8$

$v_3{}'=120000003.5999999$

$v=120000001.5999976$

$v'=120000003.3999976$

$\Delta t_n=0.07142857116$

$a=25.20000009$

$a_1=25.19999987$

$\frac{a_1-a}{a_1}\%=-8.73015\times10^{-7}$

$v_1=120000000$

$v_2=119999997$

$v_3=119999995.8$

$v_2{}'=119999992.8$

$v_3{}'=119999997.6000001$

$v=119999997.5999976$

$v'=119999993.3999977$

$\Delta t_n=0.1666666644$

$a=-25.19999974$

$a_1=-25.20000019$

$\frac{a_1-a}{a_1}\%=-1.78571\times10^{-6}$

$v_1=150000000$

$v_2=150000003$

$v_3=150000001.5$

$v_2{}'=150000004.5$

$v_3{}'=150000002.9999999$

$v=150000001.499997$

$v'=150000002.999997$

$\Delta t_n=0.06666666644$

$v_1=150000000$

$v_2=149999997$

$v_3=149999995.5$

$v_2{}'=149999992.5$

$v_3{}'=149999991.0000001$

$v=149999997.499997$

$v'=149999992.9999971$

$\Delta t_n=0.1999999967$

$a=22.50000008$

$a_1=22.49999985$

$\frac{a_1-a}{a_1}\%=-1.02222\times10^{-6}$

$a=-22.49999987$

$a_1=-22.50000025$

$\frac{a_1-a}{a_1}\%=1.6888\times10^{-6}$

$v_1=180000000$

$v_2=180000003$

$v_3=180000001.2$

$v_2{}'=180000004.2$

$v_3{}'=180000002.3999999$

$v=180000001.3999964$

$v'=180000002.5999963$

$\Delta t_n=0.06249999982$

$a=19.19999846$

$a_1=19.19999983$

$\frac{a_1-a}{a_1}\%=7.1354\times10^{-6}$

$v_1=180000000$

$v_2=179999997$

$v_3=179999995.2$

$v_2{}'=179999992.2$

$v_3{}'=179999990.4000001$

$v=179999997.3999964$

$v'=179999992.5999964$

$\Delta t_n=0.2499999946$

$a=-19.20000041$

$a_1=-19.20000031$

$\frac{a_1-a}{a_1}\%=-5.208333\times10^{-7}$

$v_1=210000000$

$v_2=210000003$

$v_3=210000000.9$

$v_2{}'=210000003.9$

$v_3{}'=210000001.7999999$

$v=210000001.2999958$

$v'=210000002.1999957$

$\Delta t_n=0.05882352926$

$a=15.29999834$

$a_1=15.29999982$

$\frac{a_1-a}{a_1}\%=9.6732\times10^{-6}$

$v_1=210000000$

$v_2=209999997$

$v_3=209999994.9$

$v_2{}'=209999991.9$

$v_3{}'=209999989.8000001$

$v=209999997.2999958$

$v'=209999992.1999958$

$\Delta t_n=0.3333333233$

$a=-15.30000046$

$a_1=-15.30000038$

$\frac{a_1-a}{a_1}\%=-5.2287\times10^{-7}$

$v_1=240000000$

$v_2=240000003$

$v_3=240000000.6$

$v_2'=240000003.6$

$v_3'=240000001.1999999$

$v=240000001.1999951$

$v'=240000001.7999951$

$\Delta t_n=0.05555555543$

$a=10.80000002$

$a_1=10.79999981$

$\frac{a_1-a}{a_1}\%=-1.94444\times10^{-6}$

$v_1=240000000$

$v_2=239999997$

$v_3=23999994.6$

$v_2'=239999991.6$

$v_3'=239999989.2000001$

$v=239999997.1999951$

$v'=239999991.7999952$

$\Delta t_n=0.4999999767$

$a=-10.8000003$

$a_1=-10.80000045$

$\frac{a_1-a}{a_1}\%=1.38888\times10^{-6}$

$v_1=270000000$

$v_2=270000003$

$v_3=270000000.3$

$v_2'=270000003.3$

$v_3'=270000000.5999999$

$v=270000001.0999944$

$v'=270000001.3999944$

$\Delta t_n=0.05263157885$

$a=5.700000011$

$a_1=5.699999802$

$\frac{a_1-a}{a_1}\%=-3.66666\times10^{-6}$

$v_1=270000000$

$v_2=269999997$

$v_3=269999994.3$

$v_2'=269999991.3$

$v_3'=269999988.6000001$

$v=269999997.0999945$

$v'=269999991.3999945$

$\Delta t_n=0.9999999033$

$a=-5.700000551$

$a_1=-5.700000522$

$\frac{a_1-a}{a_1}\%=-5.08771\times10^{-7}$

$v_1=297000000$

$v_2=297000003$

$v_3=297000000.03$

$v_2'=297000003.03$

$v_1=297000000$

$v_2=296999997$

$v_3=296999994.03$

$v_2'=296999991.03$

$v_3{}'=297000000.0599999$

$v=297000001.0099939$

$v'=297000001.0399939$

$\Delta t_n=0.0502512562$

$a=0.597000001$

$a_1=0.5969998$

$\frac{a_1-a}{a_1}\%=-3.36683\times10^{-5}$

$v_3{}'=296999997.0600001$

$v=296999997.0099939$

$v'=296999991.0399939$

$\Delta t_n=9.999990033$

$a=-0.597000595$

$a_1=-0.597000592$

$\frac{a_1-a}{a_1}\%=-5.02512\times10^{-7}$

$v_1=299700000$

$v_2=299700003$

$v_3=299700000.003$

$v_2{}'=299700003.003$

$v_3{}'=299700000.0059999$

$v=299700001.0009938$

$v'=299700001.0039937$

$\Delta t_n=0.05002501242$

$a=0.0599680011$

$a_1=0.0599698$

$\frac{a_1-a}{a_1}\%=2.9996765\times10^{-3}$

$v_1=299700000$

$v_2=299699997$

$v_3=299699994.0003$

$v_2{}'=299699991.003$

$v_3{}'=299699988.0060001$

$v=299699997.0009938$

$v'=299699991.0039939$

$\Delta t_n=99.99900034$

$a=-0.0599705985$

$a_1=-0.0599705992$

$\frac{a_1-a}{a_1}\%=1.672386\times10^{-6}$

$v_1=299970000$

$v_2=299970003$

$v_3=299970000.0003$

$v_2{}'=299970003.0003$

$v_3{}'=299970000.0006$

$v=299970001.0000938$

$v'=299970001.0003938$

$\Delta t_n=0.05000250004$

$v_1=299970000$

$v_2=299969997$

$v_3=299969994.0003$

$v_2{}'=299969991.0003$

$v_3{}'=299969988.0006002$

$v=299969997.0000938$

$v'=299969991.0003939$

$\Delta t_n=999.9000131$

$a=5.99970001\times10^{-3}$

$a_1=5.999500001\times10^{-3}$

$\frac{a_1-a}{a_1}\%=-3.33376\times10^{-3}$

$v_1=299997000$

$v_2=299997003$

$v_3=299997000.00003$

$v_2{}'=299997003.00003$

$v_3{}'=299997000.00006$

$v=299997001.0000038$

$v'=299997001.0000338$

$\Delta t_n=0.05000024992$

$a=5.99997001\times10^{-4}$

$a_1=5.997970014\times10^{-4}$

$\frac{a_1-a}{a_1}\%=-0.03334454816$

$v_1=299999700$

$v_2=299999703$

$v_3=299999700.000003$

$v_2{}'=299999703.000003$

$v_3{}'=299999700.000006$

$v=299999700.9999948$

$v'=299999700.9999978$

$\Delta t_n=0.05000002.492$

$a=5.99999701\times10^{-5}$

$a_1=5.979997143\times10^{-5}$

$\frac{a_1-a}{a_1}\%=-0.3344460962$

$a=-6.000299851\times10^{-3}$

$a_1=-6.000299921\times10^{-3}$

$\frac{a_1-a}{a_1}\%=1.66608\times10^{-6}$

$v_1=299997000$

$v_2=299996997$

$v_3=299996994.00003$

$v_2{}'=299996991.00003$

$v_3{}'=299996988.0000601$

$v=299996997.0000038$

$v'=299996991.0000339$

$\Delta t_n=9990.01$

$a=-6.005969864\times10^{-4}$

$a_1=-6.005969934\times10^{-4}$

$\frac{a_1-a}{a_1}\%=1.165507\times10^{-6}$

$v_1=299999700$

$v_2=299999697$

$v_3=299999694.000003$

$v_2{}'=299999691.000003$

$v_3{}'=299999688.0000061$

$v=299999696.9999948$

$v'=299999690.9999979$

$\Delta t_n=99009.89903$

$a=6.059996989\times10^{-5}$

$a_1=6.05999706\times10^{-5}$

$\frac{a_1-a}{a_1}\%=1.17161773\times10^{-6}$

$v_1=299999970$

$v_2=299999973$

$v_3=299999970.0000003$

$v_2'=299999973.0000003$

$v_3'=299999970.0000006$

$v=299999970.9999939$

$v'=299999970.9999942$

$\Delta t_n=0.05000000242$

$a=5.99999971\times10^{-6}$

$a_1=5.80000113\times10^{-6}$

$\frac{a_1-a}{a_1}\%=-3.448250707$

$v_1=299999970$

$v_2=299999967$

$v_3=299999964.0000004$

$v_2'=299999961.0000004$

$v_3'=299999958.0000008$

$v=299999966.9999939$

$v'=299999960.9999943$

$\Delta t_n=909090.7107$

$a=6.600001\times10^{-6}$

$a_1=6.60000108\times10^{-6}$

$\frac{a_1-a}{a_1}\%=1.212121014\times10^{-6}$